絵でわかる
An Illustrated Guide to Terrain, Geology, and Rocks of the Japanese Islands
日本列島の地形・地質・岩石

藤岡達也 著
Fujioka Tatsuya

講談社

ブックデザイン｜安田あたる

はじめに

　近年，地震・津波，火山噴火，集中豪雨・河川氾濫，土砂崩れ・土石流など，日本列島で発生する自然災害への警戒に関心が高まっています。一方で自然現象は，災害だけでなく豊かな恵みもこの国の人々にもたらします。むしろ自然によって形成された独自の景観や関連する歴史遺産，芸術・文化が注目され，日本は魅力に満ち溢れた国となっています。そのことが外国からの観光客の増加につながっていると言えるでしょう。

　日本列島を構成する多くの山・丘陵，河川・潟・湖，沖積平野・盆地，海岸，島々など自然環境を見直してみると，改めて日本の自然がかけがえのないものであることに気付きます。

　本書では，日本列島の各地域で何気なく目にする身近な風景から，国立公園・国定公園・ジオパークなど日本を代表する自然景観までを，構成する地形，地質・岩石について，いつ頃，どのようにしてでき，現在どこで見られるのかを，具体的な例を挙げてわかりやすく紹介します。また，現在に至るまでの経過を日本列島やそこに住む人々の歴史とも関連付けて説明していきます。

　日本の学校では，「地学」は地質・岩石などを自然の事物・現象から取り扱う理系領域に属し，一方で「地理」は文系領域にあたり，人間生活とかかわって気候・気象・地形などを取り扱うことになっています。「地学」と「地理」と分かれているのは，学校での教育課程上やむをえないとしても，自然環境と人間活動を考えるにあたっては，より総合的，融合的に捉える必要があるでしょう。

　読者の皆様の中にも，学校教育を経て，地学や地理に興味を持った人も多いと思います。さらに，大人になっても日本列島全体の地形や地質，岩石などを環境と結び付けて，総合的に考えたり，学んだりする機会も大切かと思います。

　日本列島は各地域での自然環境に大きな差があります。このことが，日本の文化や伝統に特色や違いを与えています。本書では自然の二面性が日本での生活や社会に与える影響を踏まえて，地形，地質・岩石と人間とのかかわりを，地域の歴史や特色と照らし合わせて概説します。また，本書では海外の景観に

iii

も触れたいと考えています。この中で，日本列島の地形，地質・岩石の特異性も明確になってくるでしょう。

　本書は，できる限り平易な文章を心がけましたが，それでもなじみのない専門用語が現れ一定の知識が必要とされるように感じられる人も多いかもしれません。しかし，本書は「絵でわかるシリーズ」の趣旨に則り，図や写真を多く用いて，読者が，興味深く，また楽しく学べることを考えています。そして，実際に身近な例を知ったり，訪問したりする機会を考えるきっかけとなることを期待しています。

2019 年 1 月

滋賀大学大学院教育学研究科教授　藤岡達也

コロナ禍を超えた令和の新たな時代に（第 5 刷にあたって）

　本書は新型コロナウイルス感染症（COVID-19）が登場した 2019 年に刊行されました。第 5 刷が発行されることへの感謝と共に改めて「はじめに」を読むと，わずか数年前にもかかわらず遠い過去のように思えます。本書は，観光立国を目指す日本への訪問客がピークを迎えようとした時に印刷されました。コロナ禍の中で，逆に日本列島への思いが深くなった方が多かったのが売れた原因かもしれません。

　筆者がしばしば引用してきた寺田寅彦の名言に「日本人を日本人にしたのは，学校でも文部省でもなくて，神代から今日まで根気よく続けられて来たこの災難教育であったかもしれない。（災難論考，1935）」というものがあります。国際化が求められるこれからの時代，読者の皆様が改めて日本列島を足元から見直す機会として，また，日本列島の魅力を再確認していただくきっかけとして，本書を読んでいただけると幸いです。

2022 年 1 月

滋賀大学大学院教育学研究科教授　藤岡達也

絵でわかる日本列島の地形・地質・岩石　**目次**

はじめに　iii

第1章　奇跡の島，日本列島　1

1.1　日本列島および周辺　2
1.2　変化する日本列島　11
1.3　日本列島の地質図　16
1.4　自然災害と地形，地質のかかわり　20
1.5　国立・国定公園，ジオパーク　31

第2章　日本列島の自然環境史　37

2.1　日本列島の基盤となる岩石類　38
2.2　中生代の日本列島の地質・岩石　48
2.3　日本列島の完成　59
2.4　地球の歴史を語る岩石・鉱物　72

第3章　多様な自然景観の形成とそのプロセス　83

3.1　火山の地形，地質・岩石　84
3.2　海岸地形と地質・岩石　98
3.3　陸水がつくる地形や景観　109
3.4　島の魅力　122

第4章 人間と岩石・地質 131

4.1 日本の地下資源　132

4.2 人間が改変した地形　145

4.3 歴史景観と岩石・鉱物　155

4.4 現在の建築物と岩石の利用　165

An Illustrated Guide to
Terrain, Geology, and Rocks of the Japanese Islands

第 1 章

奇跡の島，日本列島

富士山

1.1 日本列島および周辺

日本列島を眺めてみると

　日本列島を構成する自然条件やそれを取り巻く環境には，さまざまな特色があります。まずは，現在の日本列島全体を周辺部も含めて眺めてみましょう。図 1.1.1 をもとにして，日本列島の置かれた状況を考えてみます。

　図 1.1.1 が日本列島とすぐに気付かれた方も多いと思いますが，少し戸惑われた方もいるかもしれません。日本列島は，北米プレートやアジア大陸を含めたユーラシアプレートの上に乗っており，そこに太平洋プレートやフィリピン海プレートが押し寄せています。そして，海洋プレートと呼ばれる太平洋プレート・フィリピン海プレートは日本列島の下やその周辺の海にも潜り込んでいきます。プレートの動きによる地震・津波，火山噴火の発生などについては，

図 1.1.1　日本列島およびその周辺の状況

後ほどお話しします。

この地図を見ると日本と大陸との関係は深く，日本海は内海のように見えます。実際，日本列島が大陸から分離し，現在の場所に位置するようになったのは数千万年前で，地球が誕生してから約46億年という時間スケールで見ると，ごく最近のことです。

さらに，日本列島の地形，地質，構成される岩石は，近くの大陸と大きく異なっています。日本沿岸をめぐる海の特徴も太平洋側と日本海側では全く違ってきます。

最初に，日本列島の特色を海との関係に注目し，自然環境による影響を考えていきます。有史以来，他国と海によって隔てられていることが，植生・生態系をはじめとした自然の景観だけでなく，日本独自の文化の形成と発展に大きくかかわってきたことは周知の通りです。

日本列島の海岸の特色

国全体が海に囲まれた島弧であるため，複雑さを伴う海岸線の長さには，特筆すべきものがあります。表 1.1.1 は国別に各国の海岸線の長さを順に並べ

表 1.1.1 国別に見た世界の海岸線の長さ

順位	国名	海岸線の長さ（km）
1	カナダ	202,080
2	ノルウェー	83,281
3	インドネシア	54,716
4	ロシア	37,653
5	フィリピン	36,289
6	日本	29,751
7	オーストラリア	25,760
8	アメリカ合衆国	19,924
9	ニュージーランド	15,134
10	ギリシャ	14,880

たものです。日本は狭い面積の割に長い海岸線を持つことがわかります。

例えば，日本はアメリカと比べて面積は約25分の1に過ぎませんが，海岸線はアメリカよりも長いのです。本書では，日本列島のさまざまな自然景観とその形成について説明しますが，海岸周辺の地形や島など海に関する紹介が多いのも納得いただけると思います。

また，島嶼部性（海岸線の距離を陸地の面積で割ったもの）の観点から見ますと，6000以上の島からなる日本は世界2位です（1位の国は7000以上の島からなるフィリピンです）。確かに日本列島には人が住んでいない，いわゆる無人島で構成されている地域もありますが，世界でも海とのかかわりが深い国であることが数値からもわかります。

さらに，日本列島は西太平洋に存在する多島海の国の一つと言えるでしょう。多島海と言えば，国際的にはエーゲ海の別称になることもあります。しかし，国内の瀬戸内海や宮城県・松島のように海面の相対的な上昇によって，起伏の高い陸地が島となって残った地域を示すこともあります。

図1.1.2は，その例として，宮城県・松島の状況を示したものです。東日本大震災では，東松島市も津波によって大きな被害を受けました。しかし，松島の島々が防波堤となって，津波の高さや浸水範囲が抑えられた地域もあります。

海洋が70％以上を占める地球上では，上で述べたような多島海で構成され

図1.1.2 宮城県・松島

る国が日本以外にも数多く存在します。最大の多島海であるインドネシアをはじめ，フィリピン，ニュージーランド，イギリスなどが挙げられます。これらの国との共通の文化があるかもしれません。

大陸と陸続きだった日本列島

人々が日本列島に住み始めた頃は，日本列島は大陸と陸続き（陸橋と呼ばれます）でした。そのため，同じ生物が大陸と列島に生息し，行き来していました。しかし，最終氷期（約1万2千年前）が終わって，海進により列島が大陸と離れてしまい，現在では，日本列島にしか生息しない固有種も存在します。

図1.1.3 に最終氷期の頃の日本列島を示します（ここからは，南北を元に戻し，見慣れた地図で説明します）。

これを見ると，大陸と日本が陸続きであっただけでなく，瀬戸内海がなかったり，現在の多くの島が本州と陸続きであったりしたことが理解できます。

近年，国内では外来種の増加が問題になっています。現在は，海外との交流が活発となり，意図するしないにかかわらず，多くの生物が国内に入り込みます。そのため生物の移動は，自然界の地形，地質の形成や変遷，気候の変動などと必ずしも一致するわけではありません。つまり，生態系への影響は自然環境の変化だけでなく，人間活動によっても強くなってきています。

地域によって異なる自然条件

毎日の天気予報によって，同じ日でも太平洋側，日本海側，また，日本の北と南，東と西では気温や気象状況などが違うことをお気づきでしょう。

日本列島が面積の割には南北に長いことも，地域による自然景観の違いが生じる原因になっています。地形が南北に細長いことは，日々の気象が違うだけではありません。日本は大部分が温帯に属していますが，北では冷帯，南では亜熱帯に含まれる地域が存在するなど，気候区分すら変わります。

世界中，どの地域でも位置情報は経度と緯度で表すことができます。図1.1.4 に日本列島の東西南北の端と緯度，経度を示しました。

経度が1°違うと1日の日の入りや日の出の時刻が4分異なりますが，他の国に比べると比較的東西は短く，そのお陰で，日本列島には標準時間がありま

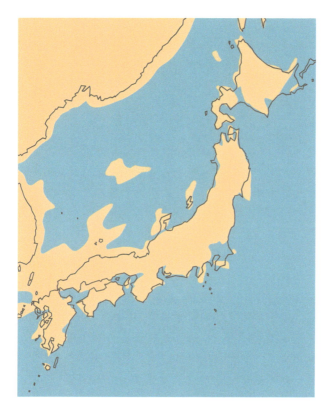

図 1.1.3 約 1 万 2 千年前（最終氷期）の日本列島（茶色部分）

す（東経 135°の位置にある兵庫県明石天文台の時刻が標準とされています）。しかし，広い国はそうではありません。アメリカやロシアなど州によって時刻が異なることはよく知られています。世界一広い国であるロシアは，国内の最大の時差は 10 時間にもなります。

　なお，**図 1.1.4** に基点となる陸地（島も含む）も踏まえて，日本の境界を示しました。

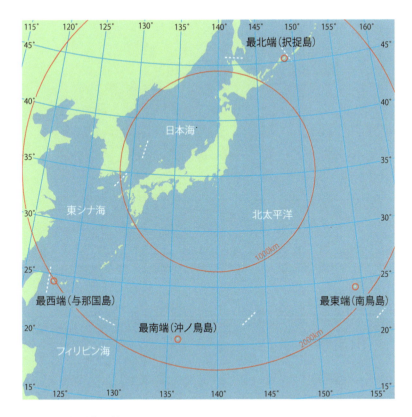

図 1.1.4 日本列島の範囲

海流の影響

　日本に大きな影響を与える海洋について話を戻しましょう。日本列島を取り囲む海は日本の気候や気象にもさまざまな影響を与えています。図 1.1.5 に日本列島を取り巻く海水の流れ，つまり海流を示してみました。列島周辺の海流は常に動いています。これは，海流が太陽から受けた熱を，風の動きとともに低緯度地域から高緯度地域に運搬しているためです。

　日本列島付近は，北からの寒流と南からの暖流とが，衝突し合う場所であることがわかります。高緯度から流れてくる寒流には千島海流（親潮とも呼ばれます），リマン海流があり，低緯度から流れてくる暖流には，太平洋側の日本海流（黒潮とも呼ばれます）と日本海側の対馬海流があります。

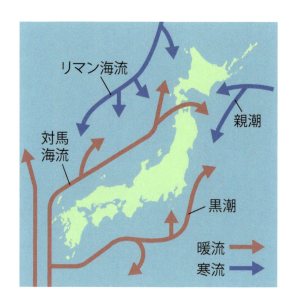

図 1.1.5 日本列島を取り巻く海流

　海洋の循環には，地球表面に働く風が重要な役割を果たしています。図 1.1.6 に，海流と風の流れを模式的に示しました。この図からも風の大循環が海の大循環をつくっていることがわかります。

　極偏東風や偏西風，貿易風は海流の流れにも大きな影響を与え，それが日本の自然災害に大きな影響を与えます。例えば，台風の進路や季節風がかかわる降雨や豪雪です。

　もちろん，山の存在も各地域の気象に影響を与えます。大量の水分を海から供給された空気塊が日本列島の山々にぶつかって上昇気流が発達し，大雨や大雪を降らせます。日本は，世界で最も降水量の多い国の一つですが，それには，複雑な地形や周囲の海も関係しています。

　日本の自然景観を彩る，明確な四季が存在する理由として，海の影響も大きいと言えるでしょう。

世界地図から見た日本列島

　日本で見られる一般的な世界地図では太平洋が中央に記されています。しか

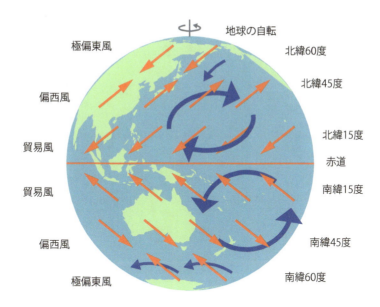

図 1.1.6 地球上の風と海流の循環

し，アメリカやヨーロッパの地図では，大西洋が中央に描かれています（**図1.1.7**）。**図 1.1.7** を見ると日本列島は東の端に位置しており，「極東」と呼ばれたことがうなずけます。世界史の中で文化的に主役になる機会が少なかったのも，やむを得ないと感じます。大西洋の両側の大陸に比べ，日本列島の誕生がずっと遅いことも事実です。

　ただ，この地図では世界の中での日本列島の特色がぼやけています。環太平洋火山帯や地震帯などがその例です。世界の地震や火山の 80% 以上がこの地域に帯状に集中し，そこに日本列島は属しています。**図 1.18** はニュージーランドのカンタベリー大学の地質学教室の掲示です。"Ring of fire" は環太平洋火山帯を示しています。

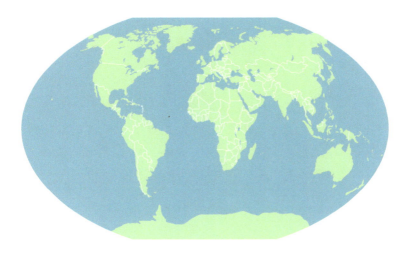

図 1.1.7 大西洋を中心とした世界地図

欧米の世界地図では，環太平洋の地震帯や火山帯などを読み取ることができません。

図 1.1.8 カンタベリー大学に示された"Ring of fire"

1.2 変化する日本列島

日本列島の凹凸

　これまでは，日本列島の横の広がり，つまり水平方向の状況を見てきました。次に日本列島の垂直方向の様子を見てみましょう。日本列島は，地質的には比較的新しい時期に形成されました。しかも現在も活発な変動帯に位置しています。

　図 1.2.1 は日本列島の山地・山脈をおおまかに示しています。日本列島では，各地域に陸地の屋台骨とも言うべき脊梁山脈が見られます。例えば，北から日高山脈，奥羽山脈，関東山地，アルプス山脈，中国山地，四国山地，九州山地などです。このような山岳地帯では，分水嶺と呼ばれる水系と水系の境界が多く見られます。日本列島は大きく分けて「山地」，「丘陵地」，「台地」，「低地（沖積平野を含みます）」，「内水域等」に分けることができます。「山地」と「丘

図 1.2.1　日本の主な山脈・山地

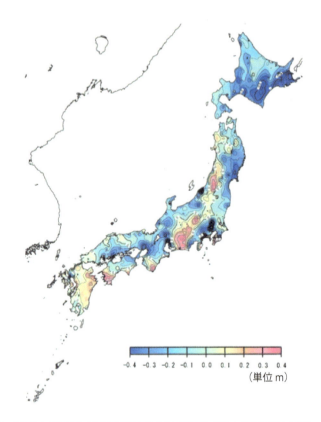

図 1.2.2 100 年間の日本列島の垂直方向の変位（国土地理院による）

陵地」を合わせると 7 割にも達し，標高 500 m 以上の地域も国土全体の 4 分の 1 を占めています。そのため，日本列島では，鉄道や高速道路の建設に多大な技術開発と費用が求められてきました。同時に，標高 0 m～100 m の地域，例えば，沖積平野や台地なども国土全体の 4 分の 1 を占めています。ここに人口や資産が集中しているのも日本の特色です。

図 1.2.2 は近年の日本列島の上下方向の変動を示しています。この図を見ると，日本列島の山岳地帯は現在も隆起を続けていることがわかります。一方で沈降している地域もあります。

ところで，地形に凹凸が見られるのは，陸地だけではありません。海洋底も平坦ではなく，凹凸があります。図 1.2.3 に日本列島周辺の海洋底の状況です。海の中で濃い色になるほど深くなることを示します。

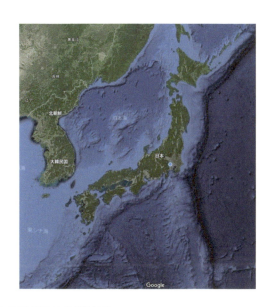

図 1.2.3 日本列島周辺の海洋地形

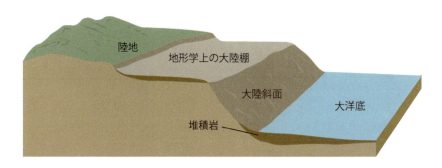

図 1.2.4 海洋底の断面

　これの詳細は図 1.2.4 のようになります。深さ約 100〜200 m までを大陸棚と呼ばれる，傾斜角が平均 0 度 7 分に過ぎない非常に傾斜のゆるい場所があります。その後，深海底に向かって，大陸斜面と呼ばれる急激な斜面となり，大洋底（深海底）に続きます。

column 大陸棚と排他的経済水域（EEZ）

領土問題とも関係して，EEZ（Exclusive Economic Zone）が注目されています。EEZとは，沿岸から200カイリ（約370キロ）までの範囲で，沿岸国に鉱物資源や水産資源の開発といった経済的な権利が及ぶ海域のことです。国連海洋法条約に基づいて沿岸国が国内法で設定します。沿岸から12カイリまでの領海とは区別され，他国の船も航行の自由があります。

ただ，ここで言う大陸棚とは大陸斜面までも含みます。国連海洋法条約では，地殻が陸地と同じ地質などと証明できれば，沿岸から200カイリの排他的経済水域（EEZ）を超えて最大350カイリまで，自国の大陸棚を延長できるとしています。領土としては，島などの陸地だけではなく，EEZや大陸棚の存在も大きな意味があります。

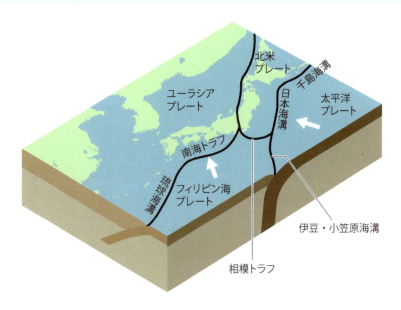

図1.2.5 日本列島周辺に存在する海溝

日本列島の太平洋側の海底には海溝と呼ばれる深い落ち込みが帯状に存在します（**図1.2.5**）。北から紹介しますと，北海道東部には千島海溝があり，東北地方から関東にかけて，北東日本と並行して日本海溝が見られます。これは，太平洋プレートが北米プレートに沈み込むこととも関連します。その南側には

伊豆・小笠原海溝（最深部は 9780 m），そして，さらに南側にはマリアナ海溝が続きます。これには，太平洋プレートがフィリピン海プレートにもぐり込むことと関係してできたものです。

　世界で最も深い場所は，マリアナ海溝の中のチャレンジャー海淵（水深約 10911 m）です。この地域に深い海溝が直線的に存在し，最も深い海淵が見られるのは，急角度で海洋プレートが他の海洋プレートに潜り込んでいるためとも考えられます。

　日本列島近辺の海洋底には海底山地も列状に存在します（海山列と呼びます）。その中でも図 1.2.6 に示した天皇海山列（個々の海山に古代天皇の名が付されているためその名で呼ばれている）は海洋プレートの動きを反映しています。ホットスポット上で形成された火山が，北東にプレートごと移動したため，現在はこのような分布をしています。

図 1.2.6 プレートの動きに関係した天皇海山

1.3 日本列島の地質図

日本列島の歴史

　日本列島はいつから，今のような形になったのでしょうか。日本列島も含めた地球の歴史を古生物・化石を中心にして一覧したものを巻末の表に示しています。

　地球の誕生が約46億年前として，日本列島が現在の位置に集まったのは，わずか2千数百万年前に過ぎません。また，現在の日本列島のおおよその形が見られるのも，たかだか数百万年前です。

　日本列島の土台となる岩石は億年単位の古さがありますが，日本列島の山，丘陵や盆地，平野など私達の生活の舞台が整ったのは，地球の歴史から見て，ごく最近のことです。現在の山が今の高さにまでなったのは100万年，200万年の単位であり，今日，日本列島で多くの人が暮らし，大都市が集中する沖積平野は1万年以内につくられたものです。

地質図から見た日本列島

　図 1.3.1 に日本列島全体の地質図を示します。普段よく目にする地形図では，距離や標高を読み取ることができます。一方，地質図は地表面をはがした時に，そこに見られるものと仮定して，作成されたものです。つまり，地表の建築物，土壌，植生などを全て取り払った後の情報を紙面に表しています。それだけに，絶対に正しいという保証はなく，想像に過ぎないと言われることもあります。さらに，より深いところになると，地質図では表すことができない岩石が広がっていることもあります。

　図 1.3.1 の地質図から，日本列島の現在の状況をざっと見ていきましょう。何本かの線があり，これを境界に岩石の種類が異なっていること，つまり，地質構造が大きく変わるのがわかります。これらは活断層，もしくはかつての断層帯です。

　日本で最も長い，過去の断層帯である中央構造線は西南日本を外帯と内帯に

16　第1章　奇跡の島，日本列島

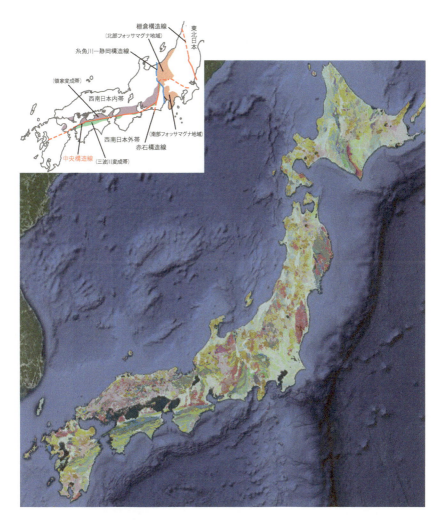

図 1.3.1 日本列島の地質図
（産総研地質調査総合センター「地質図 Navi」より）

分けます。また，日本海側から太平洋側を結ぶ糸魚川・静岡構造線を西側の境界とするフォッサマグナが，地質を東西に分けています。これらの構造線自体は，古い過去のものであるため，現在は直接動くことがないでしょう。しかし，構造線に沿って多数存在する活断層は，いつ動くかわかりません。さらに，日本列島には他にもいくつかの構造線が走っています。

図 1.3.1 から中央構造線と平行に地質が異なっているのがわかります。これは，日本列島に太平洋側から新しい地質が押し寄せ，順番に重なったこと，つまり，付加体の形成を示します。太平洋側ほど，新しい時代の地質です。

図 1.3.1 の地質図を大雑把に見ると，東北地方は新第三紀以降の火山に覆われているため不明な点もありますが，中古生層の堆積岩が広がっていると考えられています。西南日本では中古生層の地質とともに，花こう岩が分布する領家帯が広がっているのがわかります。そして，図 1.3.1 には示されていませんが，各地に火山岩，比較的新しい時期に活動した火山帯が見られます。

東京都や大阪府，愛知県など，日本の大都会の集中している場所は沖積平野です。1万年以内に河川の堆積によってできた場所です。日本では沖積平野が発達し始めた時期に稲作農業が大陸から伝わり，それ以来ここに人が集まり始

column 地形図や地質図の購入

国内ではさまざまな地図を簡単に購入することができます。正確な地図を読むことは，自然景観をより正しく理解することができ，楽しさも深まります。詳細な情報を得ることができる2万5千分の1や5万分の1地形図は国土地理院が発行しており，大きな書店などで購入も可能です。また，価格も1枚約280円とお手軽です。

一方地質図は，日本で販売されている5万分の1の地質図は地質図幅と呼ばれ，説明書とともにセットになって販売されています。しかし，本文で紹介しました通り，全ての地域のものが入手できるわけではありません。また，古いものも多く，必ずしも最新の情報とは言えません。さらに，地殻内部の調査の難しさから，地形図と比べて，絶対的な正確性が保証できないこともあります。

なお，地形の判読には航空写真が用いられることもあります。これは，2枚の写真があれば，実体鏡などで立体視ができることをもとにしています。

めました。

　各地域の様子を理解するための地図として，地形図と地質図（図1.3.2）があります。地質図は，5万分の1地形図に推定できる地質を示したものです。日本では全地域に5万分の1地形図や2万5千分の1地形図が網羅されて存在しています。しかし，5万分の1地質図は，日本全国の地域のものがあるわけではありません。また，あったとしても作製された時期が古く，若干異なっているものもあります。地下の状況を把握するのは地表わずか数メートル下でも難しいということを示している例と言ってよいでしょう。

図1.3.2　地質図と地形図

　最近では国立研究開発法人産業技術総合研究所地質調査総合センター（GSJ）のWebサイトから，誰でも無料で発行済みの地質図類のデータをダウンロードできます。GSJは，公的機関によるオープンデータの推進，地質調査総合センターの研究成果情報の一層の普及を図っています（なお，20万分の1日本シームレス地質図は，出版されてきた地質図幅の境界線の不連続を日本全国統一の凡例を用いることによって解消した新しい地質図で，デジタル時代の国土のデータ・ベースです）。

1.4 自然災害と地形,地質のかかわり

日本は,世界でも自然災害の多い国であり,毎年,各地で悲劇が繰り返されています。すでに,日本列島で自然災害が発生するメカニズムや状況については,拙著「絵でわかる日本列島の地震・噴火・異常気象」(講談社,2018)にまとめましたが,その後も自然災害は頻発しています。

日本で住む人にとって,防災・減災は喫緊の課題です。自然災害への備えは,まず自然を知ることから始まります。

ここでは,自然景観の美しさや神秘性について理解し,そのダイナミクスを考えることにしましょう。壮大な自然の風景には自然災害の可能性が潜むことを意識できるようになることが重要だからです。

地震によって生じた地形

日本列島における急激な地殻変動として,地震を無視することはできません。土地は長い年月をかけて徐々に隆起することもありますが,一度の地震で隆起し,それが繰り返されて高い山ができることも珍しくありません(逆に沈降することもあります)。地震によって目に見えるほどの急激な土地の変化が起こることは滅多にありません。

しかし,死者 7273 名,全壊家屋が 14 万棟を超える甚大な被害が発生した 1891 年の濃尾地震では,距離 10 数 km にわたる根尾谷断層が出現しました。その時の写真は,多くの教科書に掲載されています(**図 1.4.1**)。本巣市内の水鳥地区の断層崖は国指定の特別天然記念物に指定されており,その断層を見ることができます。近接の地震断層観察館は,断層崖をトレンチ調査した際に掘削された断面をそのまま保存,展示しており,縦にずれた断層を直接観察することができます(トレンチ調査とは,活断層の過去の活動を知るために,断層に細長い溝(トレンチ)を掘削して行われる調査のこと)。

地盤は断層によって,水平方向にずれる場合(横ずれ断層)と鉛直方向にずれる場合(正断層,逆断層)があります。根尾谷断層はこの時の地震で水平方向に約 8 m,鉛直方向に約 6 m ずれました。濃尾地震を契機に,翌 1892 年,

20 第1章 奇跡の島,日本列島

図 1.4.1 1891年濃尾地震時に現れた断層(右は南山大附属小白木克郎教諭撮影)

震災予防調査会が設置され，地震と災害に関する本格的な調査・研究が始まりました。濃尾地震は，地震国日本における地震学研究のきっかけをつくったと言えるでしょう。

北米プレートやユーラシアプレートに乗っかっている日本列島は，太平洋プレートやフィリピン海プレートが日本列島に向かって水平に移動するため，相対的に北西・南東方向の圧縮の力を受けます。その結果，上盤が下盤に乗りあがる逆断層が多く見られます。

1995年の兵庫県南部地震の時には，淡路島北淡町に野島断層が出現しました。地表面ではわずか20 cmほどの食い違いにすぎません。それが地震の度に断層の境界で地盤が上下方向にずれ動き，その差が大きくなっていきます。このことは，野島断層保存館で見られる地下の断層によってもわかります。この保存館は，震災記念公園の中に位置し，ほぼ断層上に建設されていた2階建て住宅もメモリアルハウスとして展示されています。

近年，各地の博物館などでは，根尾谷断層や野島断層のように，断層の断面が展示されているところもあります。また，地震によって生じた断層を保存し，後世に地震の教訓を残すことを試みている地域もあります。1930年北伊豆地震によって生じた丹那断層は，公園として生じた地層のずれを整備しています。ここは現在では，伊豆半島ジオパークのジオサイトの一つです。

断層帯では地盤が強い圧縮などの力を受けて，他の場所より岩盤が弱くなっていることが一般的です。そのため，河川による侵食が発達し，水が流れやすくなる原因となります。例えば，日本で最大の長さを持つ中央構造線沿いでは，和歌山県北部を流れる紀の川，四国では，吉野川が構造線の北側に沿った河川として有名です（図1.4.2）。

図 1.4.2 中央構造線に沿った河川

活断層と傾動地塊

　活断層によってできた山地の中で，断層の境界からそれぞれの地盤が上下の反対方向に動き，一方の斜面から見ると崖のような地形を示すことがあります。しかし，反対側から見るとなだらかな斜面となっています。これを傾動地塊と呼びます。図 1.4.3 は，その様子を模式的に示したものです。その例として大阪府と奈良県との境界の生駒山や葛城山，三重県と奈良県の境界にある鈴鹿山脈，六甲山地などが挙げられます。

　断層は人間活動にとって必ずしも不都合というわけではなく，その場所に街道がつくられることもあります。木曽路で有名な中山道は，木曽山脈西縁断層帯に沿って中央アルプスと木曽谷との境界を通っています。

　また，図 1.4.4 は日本海から京都に延びる花折断層を示しています。ここにも若狭街道（花折街道）と名付けられた旧街道があり，鯖街道とも呼ばれます。これは，日本海側で獲れた鯖を京都まで最短の距離を通る道でした。

　「鯖を読む」という言葉を聞かれたことがあると思います。実際の数よりも少なめに数えることです。この言葉の由来はいくつかあり，鯖の数を速く読んで数をごまかしたため，という説もありますが，一方で，鯖は腐るのが早く，日本海で捕獲された鯖も京都に着いた時には腐っていることがあり，そのため，獲れた鯖の量を少なく見積もって数をつけたとの説もあります。語源はともかくとして，鯖を日本海側から京都への最短道路として，花折断層を利用してい

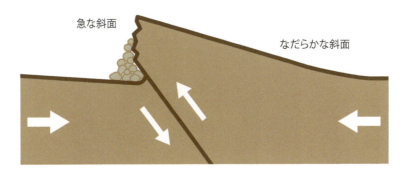

図 1.4.3 活断層と傾動地塊

図 1.4.4 花折断層と鯖街道

たことは興味深いことです。

　断層が露頭で確認できる場所は多くありませんが，図 1.4.5 は兵庫県三田盆地で観察される正断層です。

　アメリカの有名なサンアンドレアス断層（全長 1400 km）は典型的な横ずれ

図 1.4.5 兵庫県・三田盆地で観察される断層

断層です。サンアンドレアス断層は，上空からもその存在が見て取れます。というのも，断層上は公園などの空き地になっていて，建物がなく，断層が剥き出しになっているとも言えるためです。日本では活断層の上に住宅が建っていることもあり，なかなかこのようにはいきません。しかし，近年は日本でも活断層上の建築は避ける傾向にあります。

　日本で，横ずれ断層の活断層として有名なのは，岡山県から兵庫県にかけての山崎断層です（**図 1.4.6**）。山崎断層帯主部は，岡山県美作市から兵庫県三木市に至る断層帯で，ほぼ西北西-東南東方向に一連の断層が連なるように分布しています。全体の長さは約 79 km で，左横ずれが卓越する断層帯です。当初，この断層では，横ずれ断層の食い違いによって連続しない土地が古墳（円墳）のようになっていました。

　山崎断層とも関連した地震が最近では，上月町で 1990 年に発生しています。この地域の断層調査から，現在まで何度か動いており，今後の活動の可能性も懸念されています。

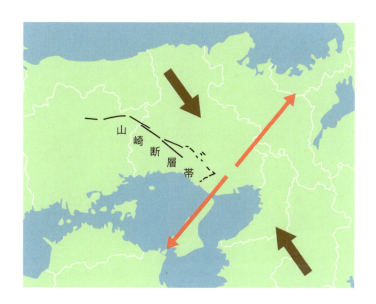

図 1.4.6 山崎断層

プレート型の地震と地形への影響

　次にプレート型の地震に関しての地形変化を見ていきましょう。鉛直方向の変化を記録した静岡県の御前崎の海岸です。図 1.4.7 で示された通り，年々，土地が沈降していることがわかります。これはプレートの沈み込みによる影響

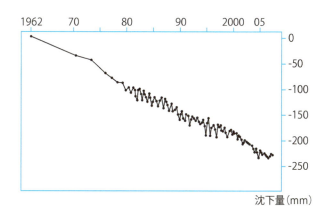

図 1.4.7 地震前の鉛直方向の地盤変化

を受けたものと考えられます。今後，地震の発生によって，急激に隆起に転じる可能性があります。

一方，地震後に水平方向に地盤が移動することもあります。図 1.4.8 は東

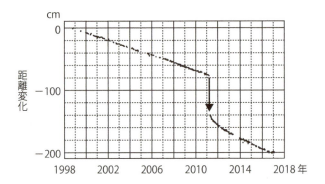

図 1.4.8　東日本大震災前後の水平方向の地盤変化

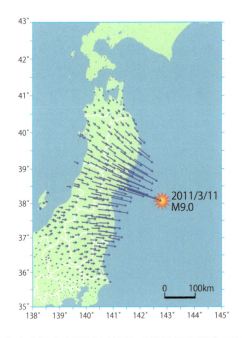

図 1.4.9　2011 年東北地方太平洋沖地震による地盤の移動（国土地理院による）

日本大震災前後でのつくば市とハワイとの間での距離の変化です。これをを見ると太平洋プレートの動きに沿って，地盤に力が働いていることがわかります。図 1.4.9 は東北地方太平洋沖地震直後の水平方向への移動です。東北地方から関東北部にかけて東向きの大きな変動が見られます。つまり，太平洋プレートは年々日本列島に近づいていて，2011 年東北地方太平洋沖地震によって，一層距離が縮んだことが読み取れます。

かつての火山活動と地質・岩石

　日本列島の自然景観を特徴付けるものに火山活動が挙げられます。火山活動は，溶岩や火砕流を発生し多量の火山灰や噴石を降らせ，周辺の光景を大きく変えます。

　人類が誕生した以降も火山活動は数多く発生しており，古文書にも記録が残されています。近年の火山活動によっても地形は大きく変化しています。これらについては，第 3 章で詳しく取り上げますので，ここでは，日本列島に人類が住む前の火山活動によって形成された地形を紹介します。

　現在見られる山はかつての火山の跡と考えられる場合も多いのです。例えば，万葉時代から歌に登場する二上山(にじょうさん)は，噴出した火山岩やマグマだまりのような岩体だけが侵食されずに残ったものと考えられています。

図 1.4.10　大野亀

同様にして，火山岩からできた山に新潟県・佐渡市の大野亀があります。図1.4.10に示したような形から，このように名付けられました。

噴出したマグマが地表で急激に冷えて固結してできたのが，火山岩です。SiO_2量の含有量によって区別され，安山岩，玄武岩などの名前がついています。火山岩は比較的固く，周辺の岩石が侵食されても，そこだけが侵食されずに残り，地形を形成する場合も多く見られます。日本列島が現在の位置で火山活動を行っていたのは比較的最近のことです。例えば，恐竜がいた中生代終わりの火山活動は，現在の日本列島とは離れた場所でのできごとでした。

一方，マグマが地下深部でゆっくりと固結してできた岩石を深成岩と言い，SiO_2量の多いほうから，花こう岩，閃緑岩，斑れい岩と名前がついています。地表面にある深成岩は近年の地殻変動によって，隆起してきたものです。

火山岩と深成岩をあわせて，火成岩と言いますが，次章で詳しく見ていきます。

西日本に広がる花こう岩の山は，さまざまな自然景観を呈しています。図1.4.11は滋賀県と三重県の境に位置する御在所岳（1212 m）の花こう岩の様子です。鈴鹿国定公園の中にあります。

図 1.4.11 花こう岩の景観

28 | 第1章 奇跡の島，日本列島

column 日本の花こう岩と世界の花こう岩

　日本列島の花こう岩の多くは今から約 8000 万年前ごろに形成されたものです。しかし，世界には，億年単位で形成された，さらに古い時代の花こう岩があります。図 1.4.12，図 1.4.13 は先カンブリア時代のインドのデカン高原の花こう岩とノルウェーの花こう岩です。日本の花こう岩とは雰囲気が全く違っていることがわかります。

図 1.4.12　インドの花こう岩

図 1.4.13　ノルウェーの花こう岩

地すべりと地形・地質

　日本列島は温帯モンスーンに属し，台風の通り道にもなっていることから，例年，集中豪雨によって被害を受けます。しかし，これが豊富な植生にも関係しています。集中豪雨が原因で斜面災害が発生することがあります。土石流などはその最も恐ろしいものです。「平成30年7月豪雨」（気象庁命名）では，広島県，岡山県で甚大な被害が生じ，あたりの景観は一晩で大きく変わってしまいました。

　集中豪雨に関連して，斜面災害が日本で多く発生するのは地形が急峻なことも一因です。さらに先述の花こう岩地帯においても，断層などが近くにあるなどの原因で，風化しやすい花こう岩地帯では，豪雨などで一層土砂災害が生じやすくなります。地すべり地形も日本の自然景観の特色です。意外かもしれませんがその一つに棚田があります（図1.4.14）。「田毎の月」と呼ばれる棚田は地すべり地形とも大いに関係しています。また，植生を見ても地すべり地形が想像できることがあります。図1.4.15は地すべり地域に存在する樹木です。根本の地盤が滑っていても木は常に太陽の方に向きます。さらに冬季の積雪が一層，この形を鮮やかにします。雪国では，春先の雪解けによって，雪崩地すべりが発生することがあります。

図1.4.14　地すべり地形と棚田　　**図1.4.15**　地すべり地域に存在する樹木

　2018（平成30）年北海道胆振東部地震では，大規模な崖くずれが発生しました。崩壊しやすい火山性の堆積物であったことも無視できません。平成20（2008）年岩手・宮城内陸地震でも大きな山崩れ土砂災害が発生し，17名の人が犠牲となりました。現在，この地域は栗駒山麓ジオパークの一部となっています。

1.5 国立・国定公園, ジオパーク

国立・国定公園

　地震や火山噴火など地殻変動が著しく，海に囲まれ，降水量が多い日本列島では，多種多様な自然景観が形成されてきました。それを直接，実感できるのは，日本各地に存在する自然公園を訪れた時と言えるでしょう。

　日本の自然公園では，災害を引き起こす自然のダイナミクスのもう一つの面，つまり自然の超越した美しさや人間への恵みを理解することができます。

　自然公園には，国立公園，国定公園，都道府県立の自然公園があります。環境省によると，「国立公園は，次の世代も，私たちと同じ感動を味わい楽しむことができるように，すぐれた自然を守り，後世に伝えていくところです」「そのために，国（厳密には指定するのは環境大臣）が指定し，保護し，管理（担当省庁は環境省）する，役割を担っています」とされています。

　また，国定公園は，国（環境大臣）が指定して，所在の都道府県が管理します。国立公園に準じる景勝地として，1950（昭和25）年の国立公園法の改正によって国立公園に準ずる地域を指定する制度が設けられました。国定公園として明文化されたのは，1957（昭和32）年に制定された自然公園法によります。国定公園は，国立公園とは異なり，全国的な配置上の考慮も払われています。そのため，指定されている数も国立公園より多く，大都市地域でも国定公園が存在します。

　なお，都道府県立の自然公園は，都道府県（つまり，具体的には都道府県知事）が指定して，都道府県が管理することになっています。ただ，自然公園法でなく，都道府県条例によって運営されているのが，国立・国定公園との違いです。

　上の3つの自然公園を構成するそれぞれの数と初めて指定された時期を**表1.5.1**にします。これらのことからも全国各地に多数の自然公園が整備されていることがわかります。

　もう少し国立公園を見ていきましょう。国立公園は日本だけでなく，多くの国で見られます。世界初の国立公園としては，1872年に指定されたアメリカのイエローストーン国立公園を挙げることができます。**図1.5.1**は，より有

表 1.5.1 日本の自然公園（国立公園・国定公園・都道府県立公園）の現状

種類	数	初めて指定された時期と公園	
国立公園	34	1934年3月	瀬戸内海，雲仙，霧島
国定公園	56	1950年7月	琵琶湖，佐渡弥彦（佐渡弥彦米山），耶馬日田英彦山
都道府県立自然公園	311	1957年	山梨県，大分県
計	401		

図 1.5.1 ヨセミテ国立公園の代表的景観

名とも言え，年間 350 万人以上の観光客が訪れるヨセミテ国立公園です。後に世界遺産（自然遺産）にも認定されています。ヨセミテ国立公園のこの景観のもととなっている岩盤は日本でもおなじみの花こう岩です。

日本では 1911（明治 44）年に「日光を帝國公園となす請願」が議会に提出されました。その後，国立公園法が制定されたのは，1931（昭和 6）年ですが，実際に指定されたのは 1934（昭和 9）年になります。この時，瀬戸内海，雲仙，霧島の 3 カ所が日本初の国立公園に指定されました。

国定公園は，1950（昭和 25）年に，琵琶湖国定公園・佐渡弥彦国定公園（現，佐渡弥彦米山国定公園）・耶馬日田英彦山国定公園の 3 カ所が最初に指定されました。アメリカには国定公園のような制度はなく，日本独自のものと言えます。

日本の国立公園の立地分布を **図 1.5.2** に示します。意外なのは，アメリカ

図 1.5.2 日本の国立公園と火山の分布

などと違って日本の場合，国土の狭さも反映して，国有地は60％ほどしかありません。しかもその大部分は林野庁が所轄する国有林です。日本では，私有地も国立公園の中に含まれています。

　地学・地理的な観点から見て，日本の国立公園が示す典型的な特徴は何でしょうか。

　まずは，火山との関係を探ってみましょう。図 1.5.2 に，日本の活火山（気象庁の警戒レベルの火山）の分布も付け加えてみました。

　これを見ますと，活火山の分布と国立公園とが重なっている地域が多く存在することがわかります。つまり，日本の国立公園の景観には火山の存在や活動と関係が深いと言えます。

　さらに国立公園には，地殻変動が著しく，さまざまな種類の岩石からできた

大地，長い年月の侵食により均衡のとれた山々や丘陵，台地が存在します。また，河川の働きによる渓谷，滝，湖沼などが見られ，岩石海岸への海水の働きなどによって多様な侵食地形も特徴ある景観をつくりだしています。これらに，各季節の植生や生態系なども反映されると，自然の芸術とも言える風景が展開されます。今，目にする自然景観は，いつ，どのようにしてできたのかについて，詳しくは次の章から見ていきます。

column 切手に見る国立・国定公園

これまで指定された日本の国立公園や国定公園は，全て切手として販売されました。その一部を紹介しましょう（**図 1.5.3**）。ただ，指定された時代の封書や葉書の郵便価格になっており，現在では金額表示に違和感があるかもしれません。

図 1.5.3 国立・国定公園の切手

世界遺産（自然遺産）とジオパーク

国立・国定公園は日本の誇るべき景観ですが，これらは国内で認められたものです。近年，さまざまな領域や分野で，世界水準などの言葉が使われるようになっています。日本の中で素晴らしい景観は国際的に見ても価値の高いものが多々あります。

国際的な視点からも自然景観やその環境保全も評価する機関は，国連の中でも教育，文化を担当するユネスコ（UNESCO）です。そのユネスコによって認定される自然景観には，世界遺産，特に自然遺産が有名です。ただ，日本にとっては自然景観が特色的と思っても富士山のように歴史遺産の観点から評価されているところもあります。ユネスコは，世界遺産以外にも無形文化遺産，ユネスコエコパークやユネスコジオパーク，世界の記憶，クリエイティブ・シ

ティーズ・ネットワークなどを認定しています。ユネスコ以外にも国連の国連食糧農業機関（FAO）が世界農業遺産を認定するなど、さまざまなものがあります。ユネスコが認定するものに世界ジオパークがあります。近年、国内各地にも日本ジオパークが認定され、年々その数は増えています。では、ジオパークとは何でしょうか。ジオ（Geo-）とは英語で「地」を意味することから、「大地の公園」とも訳されますが、ジオパークそのままが一般的な呼び方になっています。

　ジオパークには、自然の保護・保全、教育・啓発、地域の振興の3つの目的があります。

　日本国内のジオパークで世界ジオパークに認定されているところは9カ所あります（2018年5月現在）。一方、日本ジオパークに認定されているのは、全国で44カ所存在します（同年月）。日本ジオパークに指定されてから世界ジオパークに認定されることが一般的です。

　世界ジオパークに認定されている地域と国立公園である地域は重なっていることも珍しくありません（**表1.5.2**）。ただ、糸魚川世界ジオパークなど、国立公園や国定公園などとは別に、地学的な要素を中心として、国際的に高く評価されているところも見られます。

表1.5.2　日本の世界ジオパークと指定されている公園との関係

世界ジオパーク	関連する国立公園・国定公園名
洞爺湖有珠山	支笏洞爺国立公園
アポイ岳	日高山脈襟裳国定公園
糸魚川	中部山岳国立公園，妙高戸隠連山国立公園
隠岐	大山隠岐国立公園
山陰海岸	山陰海岸国立公園
室戸	室戸阿南海岸国定公園
島原半島	雲仙天草国立公園
阿蘇	阿蘇くじゅう国立公園
伊豆半島	富士箱根伊豆国立公園

column 海外のジオパークと課題

海外にもジオパークはあります。日本列島と隣接し，日本列島と同様に地殻変動の激しい台湾にも，地学的に興味深い自然景観があり，図 1.5.4 はその一つ台湾のジオパークと呼ばれている野柳海岸の地質公園です。

図 1.5.4 台湾のジオパーク（野柳地質公園），（右）クイーンズヘッド

　ただし，ユネスコの世界ジオパークには認められていません。台湾は中国との関係で国連に加盟していないからです。また，ユネスコは各国の国連への分担金によって運営されていますが，日本も「世界の記憶」の指定をめぐって，ユネスコの対応に疑問を持ち，2016 年，2017 年と保留したこともあります。

　アメリカはパレスチナを巡る問題で 2011 年からユネスコには分担金を支払っておらず，日本の 2016 年，2017 年の約 38 億円，34 億円は最も大きな金額となっています。

　世界遺産や世界ジオパークについては，国際的な自然に関する観点であっても政治的に無関係でないところに課題があるとも言えるでしょう。

An Illustrated Guide to
Terrain, Geology, and Rocks of the Japanese Islands

第 **2** 章

日本列島の自然環境史

岩手・岩石海岸

第1章で紹介しましたように，日本列島の各地域には，多様な地形，地質，岩石が存在し，これらが植生・生態系とともに美しい自然景観をつくり，また人間生活に影響を与えてきました。

第2章では，景観の地形を構成し，日本列島の基盤になっている地質，岩石について，古い時代から順に見ていきましょう。まず，日本列島を中心として，先カンブリア時代（地球誕生から約5億4100万年前），古生代（約5億4100万年前〜約2億5200万年前）に形成された地質，岩石について取り上げていきます。

2.1 日本列島の基盤となる岩石類

億年単位の古生代の地層や岩石

地球の歴史は，誕生から現在まで約46億年が経過しています。その中で，古生代の始まる約5億4100万年以前の先カンブリア時代は最も古く長い時代です。この時代の岩石は，大陸内部を中心に世界各地に分布しています。**図2.1.1** に，先カンブリア時代終わり頃の大陸の様子を示し，日本の位置も記しました。この時代にはロディニアと呼ばれる超大陸が存在し，分裂を始めた頃になります。

現在の日本列島では，先カンブリア時代の地質は見られません。わずかにその時代にできた岩石がその後の時代の礫岩（れきがん）の中に確認されているだけです。

日本列島のもととなる国内で最も古い億年単位の岩石には，当時のアジア大陸の東側の海に形成された砂岩や泥岩があります。日本列島はまだアジア大陸近辺の海の中でした。日本列島をつくる最も古い時代の岩石（古生代の堆積岩など）は，ここでの砂や泥などが固まってできたり，この場所に運ばれた岩石等が集まったりしてできたものです。

さらに同じ頃，赤道付近のより南の海に堆積された地層が海洋プレートの動きによって，今のアジア大陸付近に運ばれてきた岩石もあります。これらが日本列島に到達してきた様子を模式的に**図2.1.2** に示します。海洋プレートは

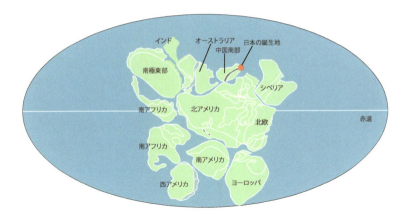

図 2.1.1 先カンブリア時代終わり頃の大陸（約7億年前）

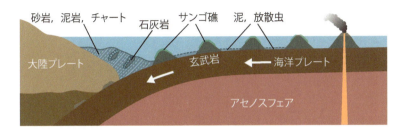

図 2.1.2 日本列島の基盤をつくる堆積岩の形成

ベルトコンベアーのように大陸プレートの下に潜り込んでいきます。しかし，そのプレートの上に乗っていた岩体は，次々と大陸に重なり合ってきました(付加体と呼ばれます)。運ばれてきた岩石には次に述べる石灰岩や一部に火山岩も含まれます。なお，付加体が盛んに日本列島に到達するのは，もう少し後の時代になります。

　地球の構造は，地殻，マントル，核（内核・外核）に分けられます。このうち，プレートは地殻とマントル最上部を示し，アセノスフェアは上部マントル中に位置します。なお，プレートはリソスフェアとも呼ばれます。

生物起源の岩石

海洋プレートによって運ばれてきた億年単位の岩石を見ていきましょう。古生代末期や中生代中頃の日本の付加体の中には，石灰岩やチャートと呼ばれる岩石が存在します。チャートは海洋プランクトンの一つ，放散虫が海洋底に堆積してできたものです。珪質でできた固い殻が化石となり，岩石となったと言えます。日本列島付近に運ばれてきた時に，途中で砂泥に覆われたものも多くあります。

石灰岩は，比較的浅く，温暖で水のきれいな海でできたサンゴなどの遺骸がもとになったものです。火山島などの周辺の海底が深くないところに堆積して形成しました。それ以外にも，フズリナ（紡錘虫）やウミユリ，貝などの遺骸によってできた石灰岩も多く見られます。

日本に存在する古生代や中生代の石灰岩はほとんどが生物起源です。ただ，地球規模で見ると石灰岩は生物起源だけでなく，二酸化炭素の化学的沈殿によるものも少なくありません。

放散虫やサンゴは新生代第四紀と呼ばれる現在まで存在していますが，進化が速いため，各時代それぞれの特徴があり，生存した時代の決め手となります。壮大な自然景観をつくる，古生代〜中生代の岩石としての石灰岩に注目してみましょう。

日本各地に見られる石灰岩の地形

海洋で形成された石灰岩が日本各地の山地や丘陵地に見られます。石灰岩は炭酸カルシウム（$CaCO_3$）でできているため長い年月の間に二酸化炭素を含んだ弱酸性の水によって溶解されます。そのため，独特の地形が地表にも地下にも現れます。

地表に見られる代表的な景観はカルスト台地とドリーネです（**図2.1.3**）。ドリーネは，カルスト台地などでのすり鉢状や円形，漏斗状のくぼ地など凹地形をなすものです。これは，石灰岩が地表水，地下水などによって侵食（溶食作用と呼ばれます）を受けやすいために生じます。カルスト台地では雨などに含まれる酸性の物質や周辺の水分に含まれる二酸化炭素で徐々に水に溶け，侵食されていきます。その結果，地上にはドリーネ，地下には鍾乳洞が形成され

図 2.1.3 石灰岩からなる地形（左上は四国カルスト）

ます。このような石灰岩地域の溶食による地形を総じてカルスト地形と呼ぶことがあります。その名称はスロベニアのカルスト地方に由来します。

　西日本では，福岡県・平尾台，山口県・秋吉台，愛媛県・高知県の境界にある四国カルストがカルスト台地として有名です（この3つは日本3大カルストと呼ばれています）。これらの石灰岩を含んだ岩体も南の海から海洋プレートによって運ばれ，古生代の終わり〜中生代初めの頃に日本に到達した付加体と考えられています。

　観光地としても全国で有名な鍾乳洞の分布を図 2.1.4 で示しました。

　東日本には西日本ほどカルスト地形はありませんが，福島県には仙台平と呼ばれるカルスト地形が存在します。ただ，東日本でも鍾乳洞は数多く見られ，仙台平の近くには，あぶくま洞が存在します。

　鍾乳洞では，さまざまに変化した形態の石灰岩が見られ，神秘的な情景すら

図 2.1.4 観光地として有名な鍾乳洞の分布

醸し出します。これは，洞窟の天井や壁にしみ出てくる二酸化炭素を含んだ地下水が，周囲の石灰岩を溶かしていくからです。

　そして，地下水の中に多量の炭酸カルシウムが溶け込んでいきます。この水が洞窟内の空気に触れると，方解石（炭酸カルシウムからなる鉱物）の晶出が起こり，洞窟の中には，図 2.1.5 で示したようにさまざまな生成物ができます。例えば，天井から水がしたたると，「つらら」の形をした方解石の沈殿物が成長します。これが鍾乳石です。滴が天井から洞床に落ちた地点でも方解石の晶出が起きるので，そこが次第に盛り上がり，高く成長します。これが石筍です。天井から成長した鍾乳石と下から伸び上がった石筍とが繋がると石柱になります。

　鍾乳洞と人間生活との関係は深く，古代遺跡が鍾乳洞内で見つかっている例も数多くあります。先ほど紹介しました山口県秋吉台の鍾乳洞では，人間の居住の跡として，石器だけでなく，食材になったと考えられる動物の骨なども見つかっています。また，高知県の龍河洞では，弥生時代の土器が石灰水によって固められた形跡もあります。

　また，沖縄本島は面積の約 30％の地域が琉球石灰岩と呼ばれる岩石からで

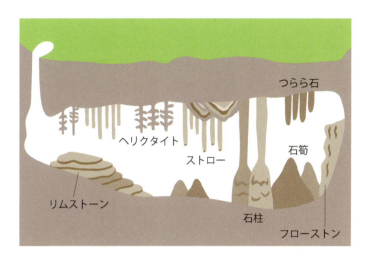

図 2.1.5　鍾乳洞の中の生成物

図 2.1.6　琉球石灰岩

きています。そのため，県内では，石灰岩の洞窟，つまり玉泉洞をはじめとする数百カ所の鍾乳洞が分布しています。「ひめゆりの塔」で有名な彼女たちの地下の活動舞台も石灰岩による鍾乳洞です。琉球石灰岩は，古くから沖縄県では建材として用いられ，道の石畳や家々を取り囲む石垣などに使われてきたほか，首里城などの建築物にも見られます（図 2.1.6）。

column　さざれ石と石灰質成分

国歌「君が代」には，「・・・さざれ石のいわおとなりて・・・」と，どんどん大きくなっていく「さざれ石」が登場します。「さざれ石」は，石灰岩が雨水で溶解して生じた粘着力の強い液が，少しずつ小石を凝結し，石灰質の作用によってコンクリート状に固まってできたものです。日本では，「さざれ石公園」の存在する滋賀県・岐阜県境の伊吹山が主要産地であると言われていますが，さざれ石は各地に見られます（図 2.1.7）。

図 2.1.7　さざれ石

　大規模な石灰岩の自然景観が観光地となっているのは日本だけではありません。アジアにも著名な場所があります。それらの例として，中国の桂林やベトナムのハロン湾などがあります。これらの石灰岩は古生代にできた石灰岩であり，ハロン湾の景観は世界遺産（自然遺産）として日本からの観光客も増えています（図 2.1.8）。

　ハロン湾では，写真のような船でクルーズができるだけでなく，島に停船して，鍾乳洞を見学することもできます。

図 2.1.8 ベトナム・ハロン湾の石灰岩からなる島々

> ### column 中古生代の堆積岩
>
> 　海底にたまったチャートや石灰岩が海洋プレートによって日本列島近くまで運ばれ，大陸に近づくと，大陸側から礫や砂，泥などの供給も増えていきます。これらの堆積物が日本列島の基盤になったことは述べてきた通りです。このように古生代そして中生代以降も付加体をつくるチャートや石灰岩，アジア大陸周縁部から供給された礫岩・砂岩・泥岩などの堆積岩が日本列島の基盤と言えるでしょう。
>
> 　古生代から中生代の時代（中古生代）にできた岩石や地層のことを中古生層と言います。南の海で形成された岩石がプレートテクトニクスと呼ばれる動きによって，付加体として，順にアジア大陸に到達した後，両時代の岩石が重なったり，褶曲などして，地質構造が複雑になり区別がつかなくなる（あえて区別をつける必要がない）ことも一般的です。これらをまとめて中古生層と呼ぶこともあります。

海洋底などにたまって形成された堆積岩

　これまで紹介してきましたように，海や大きな湖などで礫，砂や泥，さらには火山灰や生物の遺骸などがたまってできた岩石をまとめて堆積岩と呼びます。

　礫岩，砂岩，泥岩などの種類は構成される堆積物の粒径によって決まります。そのもととなる，礫，砂，泥などの区別は**表2.1.1**のように粒径の大きさによって決まっています。一般的には使われることは多くありませんが，砂と粘土の間の粒径の堆積物をシルトと呼びます。

　粘土でできた岩石も泥岩，粘板岩，頁岩と何種類も呼び名があります。粘板岩，頁岩は泥が圧力を受け，層状になっていることから，このように呼ばれています。特に頁岩は，堆積構造が本のページのように見えるところに，この名が由来しています。

　堆積した砂や泥へ長期間圧力がかかることで，粒子間の隙間が詰まったり，粒子間の水が抜けたりして岩石化し，堆積岩となります。さらには，地下水に溶け込んだ成分が晶出し，固結力を高めます。このように長い年月をかけて，堆積物から堆積岩に形成される働きを続成作用と言います。

　海底で火山が噴火すると，緑色岩が形成されます。緑色岩とは，海底で溶岩などの火山噴出物が固結したもので，堆積岩に分類されます。陸上で噴出すると玄武岩と呼ばれる火山岩となります。海底火山の噴出によってできた岩石は，熱水変質作用を受けてもとの鉱物が変成鉱物に変わり，緑色を帯びることからこのように呼ばれます。かつては輝緑凝灰岩と呼ばれていたこともあります。それらが海底で火山島をつくり，その上に形成されたサンゴ礁が石灰岩になり，それらと一緒に産することも多く見られます。

　国内でも付加体が分布するところに見られ，その一つの中生代の御荷鉾緑色岩は関東山地の御荷鉾山周辺から四国まで広がっています。

表 2.1.1 粒径と礫・砂・粘土の区別

堆積物			岩石名
礫		直径 2 mm 以上	礫岩
砂		直径 2 mm ～ $\frac{1}{16}$ mm (0.06 mm)	砂岩
泥	シルト	$\frac{1}{16}$ ～ $\frac{1}{256}$ mm	泥岩
	粘土	$\frac{1}{256}$ mm 以下	

図 2.1.9 砂岩・泥岩などの堆積岩の露頭

　日本では，先カンブリア時代や古生代の砂岩や泥岩などの堆積岩だけからなる露頭は，付加体や火成活動などによって形成された地質や岩体の影響が大きいために，あまり見られません。上の写真はインドの先カンブリア時代の砂岩や泥岩層です。

2.2 中生代の日本列島の地質・岩石

中生代における世界の中の日本

　約2億5200万年前から始まる中生代の世界では，古生代の終わりの超大陸であるパンゲア大陸が分裂し始めました。この時代は，南北アメリカ大陸とアフリカ大陸の間に大西洋ができたり，いくつかの大陸塊が衝突してアジア大陸が形成されたりして，現在の主な大陸の区分ができたと言えるでしょう。日本列島は，図2.2.1のようにアジアの端に位置していました。

　中生代は，三畳紀（トリアス紀とも呼ばれ，約2億5200万年前～約2億100万年前），ジュラ紀（約2億100万年前～1億4500万年前），白亜紀（約1億4500万年前～6600万年前）と呼ばれる3つの時期に分かれ，生物界での進化が特筆されます。例えば，大型化した恐竜やアンモナイトなどが，現在の日本列島でも発見されています。図2.2.2に日本列島で発見されている恐竜の分布を示します。

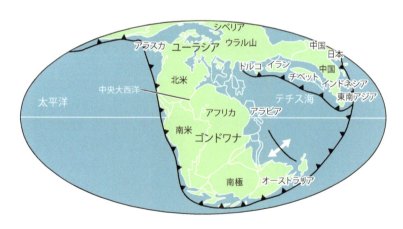

図2.2.1　中生代初期の頃の世界の大陸（約2億年前）

48　第2章　日本列島の自然環境史

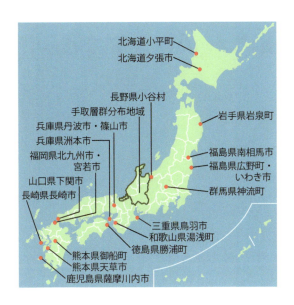

図 2.2.2 日本列島の主な恐竜の発見地

中生代における堆積作用と堆積岩

　中生代も古生代から引き続く大陸側からの砂礫の堆積とともに，花こう岩帯が地下深部で形成されました。同時に日本付近での海溝に海洋プレートが活発に沈み込んだため，付加体として多量の堆積岩が日本列島に供給されました（付加体を構成する岩石を付加コンプレックスと言います）。つまり，大洋底に堆積した地層が，海洋プレートの運きによって大陸側に押しつけられ，海洋プレートから大陸プレートに付け加わったものです。それらの地質は西南日本から中部日本（特に愛知県・岐阜県の木曽川沿い）まで帯状に分布しています。

　地層を構成する岩石は，泥岩や砂岩，チャート，緑色岩からなり，この地層は，近畿地方では丹波帯（三郡帯に属します）と呼ばれています。産出する微化石から地層は三畳紀〜ジュラ紀に形成されことがわかっています。この時代には，まだ日本海はなかったため，ジュラ紀の地域は大陸の縁辺部に位置する海溝近くの深い海と考えられています。場所によっては，前期白亜紀に湖や河川で堆積した陸成層が見られるため，付加体の形成以降，土地の相対的上昇によって，白亜紀になって陸化したと推定されています。

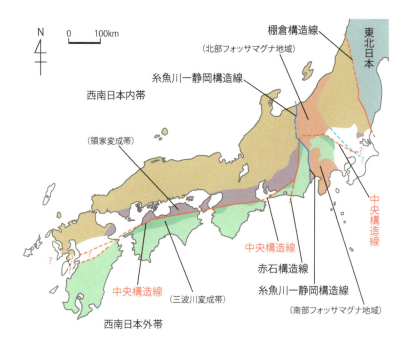

図 2.2.3 中央構造線

　この時代は，西日本で中央構造線が動き始めた時代でもあります。**図 2.2.3** のように中央構造線は，日本列島の中部地方から，近畿，四国を東西方向に走る日本で最も長い構造線です。約 1 億年前の白亜紀中頃，アジア大陸の東縁にあった日本列島では，中央構造線の原型となる断層の横ずれ運動が起こりました。この時に形成されたのは古期中央構造線と呼ばれています。

　次の白亜紀後期頃（約 7 千万年前）は，中央構造線の活動が最も顕著でした。中央構造線は左横ずれ運動を起こし，北側では岩盤が破壊されて地層が堆積しました。つまり，中央構造線の動きに沿って，礫・砂・泥などの堆積が進み，アンモナイトなどを産出する和泉層群は，この時に形成されたと考えられます（なお，その後も断層運動を繰り返し，新第三紀から第四紀にかけての時期に現在と同じ右横ずれ運動となりました。この断層運動は，新期中央構造線と呼ばれています）。

　現在では古期中央構造線は関東から九州まで広がっていたと考えられています。しかし，新期中央構造線は紀伊半島から四国東部・中部にかけては明確に

確認できますが，九州では不明です。そのため，2016年熊本地震の原因となった活断層は，中央構造線沿いの活断層の延長ではないかと論議されました。阿蘇山の厚い噴火堆積物によって不明瞭になっているのも不明の原因の一つです。

地質構造と変成帯

　アジアの端に位置していた日本列島には，この時期からプレートの力が働いていました。日本列島はプレートの影響を受け，もともと存在していた岩石に高い圧力や熱が加わり，違う種類の岩石に変わることもありました。これを変成と言い，生成した岩石を変成岩と言います。

　先述の中央構造線に沿って南北に分布する岩石は，**図2.2.3**に示すように，北側（内帯側）は領家変成帯（ジュラ紀の付加体が白亜紀に高温低圧型変成を受けたもの），南側（外帯側）は三波川変成帯（白亜紀に低温高圧型変成を受けたもの）と考えられています。長野県には，領家変成帯と三波川変成帯が接しているのを確認できる北川露頭があります。四国においては，領家変成帯は堆積岩を主とする和泉層群（和泉帯）に覆われがちとなり，中央構造線は和泉帯と三波川変成帯の境界となっています。また，領家変成帯には白亜紀の花こう岩も見られます。

　変成帯の中心部では変成作用が大きくなり，周辺部では小さくなります。もともと存在していた岩石の鉱物組成そのものが変わり，別の鉱物，さらには別の岩石になります。例えば，泥岩などの岩石が強い圧力を受けた場合，千枚岩と呼ばれる変成岩になり，さらに変成が進むと結晶片岩と呼ばれるような筋状の構造が見られる岩石になります。

　三波川変成帯に見られる変成岩の例を紹介しましょう。**図2.2.4**は伊勢湾に立地する夫婦岩と呼ばれる景勝地です。この夫婦岩をつくる岩石は結晶片岩であり，緑色（緑泥）片岩と呼ばれています。遠目にも縞状の緑色の岩石であることがわかりますが，海に面した崖には，同じ緑色片岩の露頭があり，直接観察することができます。

　一方，地下深部で，花こう岩などのマグマの貫入があると，高い熱を受けて，岩石が別の岩石に変成することもあります（**図2.2.5**）。これを接触変成岩と呼びます。例えば，花こう岩は片麻岩になったり，泥岩はホルンフェルスと呼

図 2.2.4 伊勢湾の夫婦岩をつくる緑色片岩

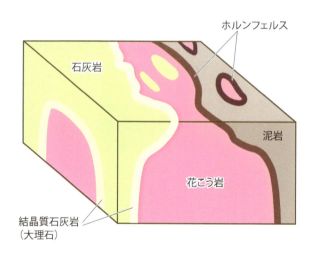

図 2.2.5 接触変成岩の形成

ばれる緻密な固い岩石になったりします。また，石灰岩も熱変成を受けることによって結晶質石灰岩（大理石）に変わります。この時，石灰岩が熱変成を受けてスカルンと呼ばれる鉱物ができる場合もあります。

日本の変成帯と変成岩の形成

　白亜紀の終わりの頃には低温高圧の変成岩が大規模に形成されました。変成帯には，高温低圧型変成帯，低温高圧型変成帯の二つの型があります。図 2.2.6 に日本列島に分布する変成帯の様子を示します。この中で，三郡変成帯は中国地方から九州北部にかけて分布する低温高圧型の変成帯であり，日本で最も古い変成帯です。

　北から日高変成帯，飛騨変成帯，三波川変成帯が見られます。変成帯では，圧力，熱の両方を受けることになりますが，特に強い圧力によって形成された変成帯は低温高圧型，高い温度によって形成された変成帯は高温低圧型と呼ばれます。これらは図 2.2.7 のようにプレートの沈み込みから説明ができます。三波川変成帯では，付加体の一部は沈み込んだ後，低温高圧型変成岩になります。

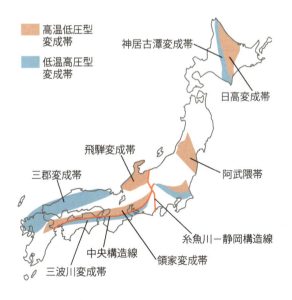

図 2.2.6　日本列島の変成帯

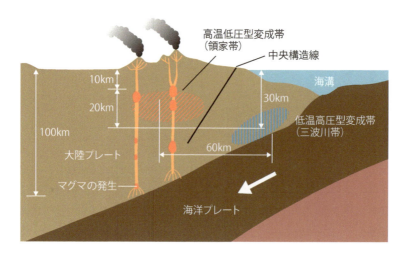

図 2.2.7 高温変成帯と低温変成帯

　図 2.2.6 を見ると，中央構造線では，先述したように二つの変成帯が接しているのがわかります。この理由については，図 2.2.7 で示したように三波川変成帯と領家変成帯の二つの異なった変成帯が中央構造線という断層によって，接するようになったからと考えられます。

中生代の火成活動と深成岩の形成

　1 章で紹介しましたように，日本列島では花こう岩が各地で見られ，さまざまな地形をつくっています。現在の日本列島では，関東北部，飛騨山脈，木曽山脈，近畿地方中部，瀬戸内海から中国山地，北九州などの地表面でも広く分布しています。花こう岩は，地下深部で形成された深成岩に属するために地表に出ている部分よりも地下深くの方が多いと考えられ，地表面を覆う比較的薄い堆積岩の下に横たわる基盤岩の大半を占めていると考えられています。日本列島では，これらの花こう岩は中生代の中頃から新生代の初めにかけて，大陸縁部の地下深部で形成されました。図 2.2.8 は琵琶湖の中にある花こう岩からなる多景島です。

　地球上の岩石はほとんどがマグマを起源としています。マグマが冷えて固まった岩石は火成岩と呼ばれます。火成岩の中でも，地下深部でゆっくりと冷

図 2.2.8 花こう岩からできた多景島

えて固まってできたのが，深成岩です．また，火山の噴火時に，噴出したマグマが地表面で急冷してできたものを，火山岩と言います．

深成岩は地下深部でゆっくりと冷え固まってできるため，鉱物の結晶は大きく成長します．火山岩と同じように SiO_2（二酸化ケイ素）成分の含有量が多い順に花こう岩，閃緑岩，斑れい岩と大別されます．SiO_2 の量が多い花こう岩が最も白くなっています．白っぽい岩石には無色鉱物が，黒っぽい岩石には有色鉱物が多く含まれます．深成岩の岩石の様子を模式的に**図 2.2.9** で示しました．

深成岩の組織構造は等粒状組織と呼ばれています．これは結晶の大きさが揃っていることから来ています．身近な花こう岩は，肉眼でも石英・長石・黒雲母の結晶がわかります．第4章で詳しく紹介しますが，花こう岩は地域によって多くの呼び名があり，石材などさまざまなところで目にします．

ここで，火成岩の中での深成岩，火山岩について，SiO_2 含有量，有色鉱物，無色鉱物などの関係を**表 2.2.1** にまとめておきます．

日本列島では，地表面に現れた深成岩は花こう岩が多いのですが，それ以外の深成岩からなる名山もあります．斑れい岩と花こう岩からできた筑波山は，筑波山地域ジオパーク（茨城県）として 2017 年に認定されました（**図 2.2.10**）．筑波山の山頂とその周囲に分布する巨石や転石は，すべて斑れい岩です（転石とは河川や氷河によって運ばれてきた巨大な石のこと）．転石のような巨石が

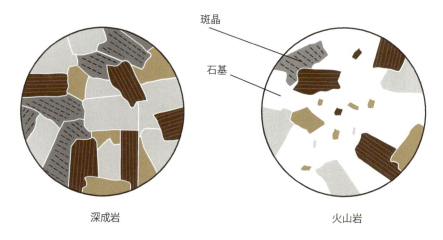

図 2.2.9 深成岩の組織構造

表 2.2.1 火成岩の組織と成分

火山岩(細粒)	玄武岩	安山岩	デイサイト	流紋岩
深成岩(粗粒)	斑れい岩	閃緑岩	花こう岩	
無色鉱物 おもな造岩鉱物の量(体積比) 有色鉱物	斜長石(Caが多い) かんらん石 その他	輝石	角閃石　黒雲母	石英 カリ長石 斜長石(Naが多い)
色指数(有色鉱物の体積比)	70	40	20	
SiO_2の量 [重量%]	約50%	約60%	約70%	

多いのはマグマの冷却過程で形成された多方向の割れ目と,地表露出後の風化・侵食によるものです。また,山の中腹から下には花こう岩体も見られます。

図 2.2.10 筑波山の遠景と斑れい岩

中生代の火山岩の分布

　地質図を見ると，現在の日本列島における中生代の火山岩の分布は，偏りがあることに気付きます。つまり，岐阜県を中心とした中部地方，兵庫県・岡山県・広島県の中国地方が大部分です。しかし，これは，中生代に火山活動がなかったというより，その後の新生代の火山活動によって覆われてしまったと考えたほうが良いかもしれません。

　ところで，同じマグマ起源の火成岩についても，深成岩，火山岩と明確に分けることのできる岩石ばかりではありません。例えば，岩脈として地下で冷えて固まった岩石がそれにあたります。岩脈とは地層や岩石の間にマグマがほぼ垂直に入り込んで固まったものです（水平方向に入り込んだ場合は岩床と呼びます）。具体的には石英斑岩やヒン岩などが例として挙げることができます。これらの岩脈は地表に近いところでは火山岩と見なされ，地下深部では深成岩と捉えられることもあります。図 2.2.11 は地表面に現れた岩脈です。かつては，これらの岩脈は半深成岩と呼ばれました。火山岩，岩脈，深成岩のできる様子を図 2.2.12 にまとめて示しておきます。

図 2.2.11 岩脈の様子

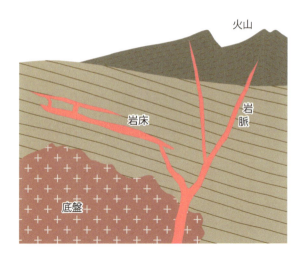

図 2.2.12 火成岩の形成場所

2.3 日本列島の完成

新生代と日本

　新生代（約6600万年前～現在）は，第三紀と第四紀に分けることができます。さらに第三紀は約6600万年前～約2300万年前の古第三紀と約2300万年前～約260万年前の新第三紀に分けることができます。約260万年前から現在までが第四紀となります。

　新第三紀に現在の日本列島がおおよそ成立しました。そして，第四紀は現在見られる地形が形成され，人類が誕生，発展した時期になります。また，地殻変動が著しい時期であり，現在私達が目にする景観がつくられました。

　第四紀も更新世（約260万年前～約1万2000年前）とそれ以降の完新世に分けられます。第四紀は地球の歴史から見ても日本列島の歴史から見ても短い時間ですが，日本列島で生活する人々の直接の自然環境が整えられた時期です。

---

column　なぜ，第三紀，第四紀？　第一紀，第二紀の存在は？

　本書でも，第三紀，第四紀と呼ばれる時代が頻繁に登場します。大きな地質区分，古生代・中生代・新生代の名称は理解できても，なぜ新生代は第三紀，第四紀に区分され，第一紀，第二紀はないのだろうと思う人もいるでしょう。かつてイタリアなどヨーロッパでは，地質区分には，第一紀，第二紀もありました。第一紀は生物の見当たらない時代，というより火成岩が形成された時代，第二紀は絶滅した古生物の時代などとされてきました。しかし，その後，第一紀，第二紀は，先カンブリア時代，古生代，中生代とされ，その中で第三紀，第四紀だけが名称として残りました。

　現在，国際的には第三紀も使われなくなっていますが，日本では，「Paleogene」と「Neogene」を古第三紀，新第三紀として用いています（この二つに対しては日本語訳もなく，本書でも古第三紀，新第三紀の言葉を用います）。また，第四紀の始まりも以前は180万年前とされていましたが，現在では260万年前となっています。

古第三紀の日本

　古第三紀（約6600万年前～2300万年前）は，暁新世・始新世・漸新世の三つの時期に区分されます。古第三紀の最初，日本列島はまだアジア大陸の一部でした（図2.3.1）。当時の日本の内陸部には低湿地が広がり，森林が発達していたと考えられています。その頃は暖かく被子植物が茂り，この植物の堆積が後に石炭層となります。北海道から北九州に存在する炭田はこの頃に形成されたものです（日本の石炭については第4章でも触れます）。

　日本列島では，この時代の地層の分布は比較的狭く，北海道，常磐（福島県），宇部（山口県），北九州など上述の炭田が存在するところ，近畿地方では兵庫県周辺に限られます。

　この時期の地層区分や時代の決定は，浮遊性有孔虫や貨幣石（ヌンムリテス，小さなコインを意味する大型有孔虫）によって行われることが一般的です。日本では貨幣石は現在の小笠原諸島と九州・沖縄にしか産出しません。ただ，被子植物の繁栄や哺乳類の発展も神戸層群（約3700万年前～3100万年前）などからうかがえます。

　アジア大陸の端では，海の海洋プレートの沈み込みは続いており，西南日本の四万十帯南部や北海道東部の日高帯では，付加体が形成され続けていました。北海道は現在見られるような地質構造の基盤ができ，太平洋プレートは現在の

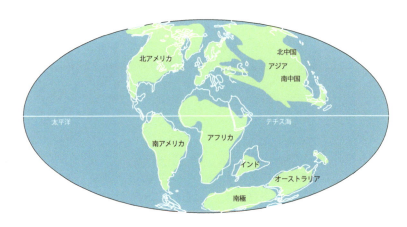

図 2.3.1　古第三紀の頃の世界

伊豆・小笠原諸島あたりでフィリピン海プレートに沈み込み，伊豆諸島，小笠原諸島のラインが形成されました。

新第三紀

新第三紀（約2300万年前〜260万年前）では，現在の日本列島の輪郭となる地理的範囲が確立しました。日本列島は長い間，アジア大陸の一部分であったことは繰り返し述べてきた通りです。この時期に大陸の東側に亀裂が走って海水が侵入し，そこから，分断された陸地が時計回りに移動してできたのが，現在の日本列島の原型です。

簡単に言えば，日本列島の形成は大陸から分断され，日本海ができ始めた時，つまり新第三紀の最初から中頃，約2300万年前から1500万年前に遡り，1500万年前には島弧が成立したと言えるでしょう。

大陸からの分裂の動きに伴って，北東日本では活発な火山活動がありました。南西日本では大部分が陸地でしたが，北東日本では多くの場所が海中にあり，海底での火山活動が著しかったことが考えられています。**図2.3.2**には，当時の日本列島の様子を示しています。

流紋岩質の火山岩類は変質して緑色になることが多いため，噴出物によってできた岩石の分布はグリーンタフ（緑色凝灰岩）地域と呼ばれます。また，この時代の著しい地殻変動をグリーンタフ変動と言うこともあります。

緑色凝灰岩は熱にも強く，また薄緑色と落ち着いた色彩でもあり，古くから日本の住宅でも壁石として使用されてきました。産出する地名から大谷石とも呼ばれます。

この時期，火山活動が著しかったのは，東北地方だけではありません。各地で火山活動が広がり，瀬戸内海でもその活動跡が見られます。中新世中〜終わりの頃（約1500万年前）では，現在の九州北部から瀬戸内海，さらには奈良・三重から愛知あたりまで，東西の帯状に，安山岩を主とする火山活動が新しく起こりました。

第1章で紹介した大阪府と奈良県境の二上山，第4章で述べるサヌカイトの産出地としての屋島，後に人類の時代に石器として使用された火山岩の原石は，この時期の火山活動に関連してつくられたものです。

図2.3.2のように，新第三紀の時代に北東日本に大陸から海側への断層の

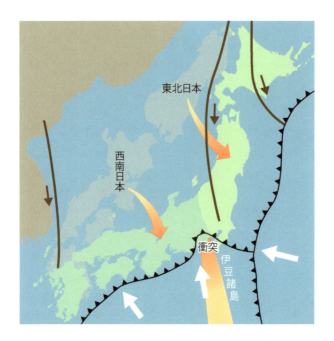

図 2.3.2 日本列島が大陸から分離した頃の様子

力が働いていた，もしくは反時計回りに動いたとも考えられます。そのため，現在の糸魚川・静岡構造線あたりから逆「く」の字型になっていると言えるでしょう。

糸魚川・静岡構造線はフォッサマグナの西縁にあたります。フォッサマグナはラテン語で「巨大な溝」を意味します。その溝のところに海底の堆積物や火山活動によって高い山々ができました。明確な西縁に比べ，東縁は不明確なところもありますが，新発田小出構造線と柏崎千葉構造線が考えられています。東日本だけでなく，フォッサマグナでも，この時期，活発な火山活動が見られました。

日本海側に広がる火山岩の景観

日本海側には，この時期の活発な火山活動の痕跡が見られます。新第三紀，もしくは場所によっては第四紀まで継続する火山活動によってできた火山岩が

図 2.3.3 山陰海岸ジオパークの猫崎半島

日本海側での自然景観をつくり出しています（火山活動に伴う自然景観の形成は次章でも説明します）。ここでは，日本海成立ともかかわった代表的な景観について紹介しましょう。

日本海側には東日本だけでなく，西日本でも海底火山などさまざまな火山活動の跡が残っています。国立公園や世界ジオパークにも認定されている山陰海岸や隠岐では，多くの火山岩や火山性堆積物による景観が広がっています。兵庫県の日本海側の猫崎半島（山陰海岸ジオパーク豊岡エリア）では新第三紀中新世（約2000万年前）の凝灰質砂岩が波の侵食によってできた波食棚や海食崖も見られます（**図 2.3.3**）。さらには，流紋岩類（新第三紀鮮新世）の存在から日本海成立後の火山活動も推測されます。

東側の鎧の袖（香美町），但馬御火浦などでは，流紋岩・石英安山岩などの火山岩などが岩石海岸を形成しています。火山岩は堅固なため，日本海の荒波にも崩れることはなく，一部侵食されるだけですので一層険しさが増します。

火成活動による景観

新第三紀中新世の中頃（約1300万年前），火山活動が活発な地域では，柱状節理による景観も見られます。柱状節理とは，岩体に入った柱状の規則性のある割れ目のことです（マグマが冷える時に割れ目が発生する）。例えば，

図 2.3.4 東尋坊の景観と柱状節理

図 2.3.5 ドイツの柱状節理上の教会

　図 2.3.4 は福井県東尋坊の海岸地形の様子です。日本海に臨むその太く険しい柱のような形状は，安山岩質の貫入岩体が冷却されて形成されたものです。六角柱など多角柱の柱状節理が波しぶきを上げる海に鮮やかに映えます。

　柱状節理が見られるのは，もちろん日本だけではありません。ドイツでは，この節理の上に教会が建てられ，自然と調和した風景となっています（図 2.3.5）。

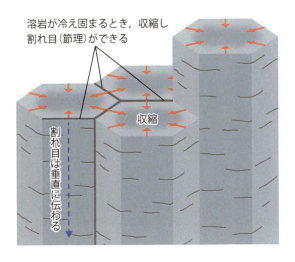

図 2.3.6　六角柱の形状になるプロセス

　柱状節理の特徴は六角柱になっているところです。これは玄武岩が冷えて固まることでそうなるのですが，そのプロセスを図 2.3.6 に示します。つまり収縮の過程で安定して，このような形状になります。玄武岩だけでなく，安山岩など火山岩の柱状節理も同様です。

海底での火山活動

　海底火山活動の痕跡は緑色凝灰岩だけではありません。海底火山の噴火時に溶岩が急に冷却され，外側から固まった枕状溶岩も海底火山の活動を示す重要な形態です。枕状溶岩は文字通り，枕が重なったような形態でマグマが固結したものです。枕状溶岩は各地で見られ，図 2.3.7 は糸魚川世界ジオパークで見られる枕状溶岩の露頭です。また，同ジオパークでは，日本最大級と言われる枕状溶岩も見られます。

　枕状溶岩のでき方を図 2.3.8 で示します。

　海底火山も含め，火山活動が活発であった新第三紀中新世以降には，柱状節理や枕状溶岩は日本列島各地で見られます。また，第四紀の比較的新しい火山活動であっても同様です。

図 2.3.7　糸魚川世界ジオパークの枕状溶岩の露頭

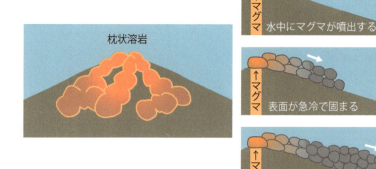

図 2.3.8　枕状溶岩のでき方

新生代の砂岩泥岩互層

　海底や湖底で形成される砂岩や泥岩の,そのもととなる砂層や泥層は層状に堆積します。また,水の中では,粒径が大きく荒い粒子が先に堆積します。その後,徐々に細かい粒径の堆積物,つまり,砂,シルト,粘土と層状に積み重

図 2.3.9 海岸に見られる砂岩泥岩互層

なっていきます。

　続成作用（堆積物が固まって堆積岩になる作用）を経て堆積岩となった後でも，比較的柔らかい泥の部分は侵食され，固い砂礫の部分が残ることが一般的です。そのため，砂岩泥岩互層では，凹凸になった地層が見られます。

　図 2.3.9 は，その典型的な例です。この写真の中で削れてくぼんでいる部分が柔らかく侵食されやすい泥岩層であり，残って出ている部分が侵食されにくい礫岩や砂岩です。

> **column　地層水平層の原理と地層累重の法則**
>
> 　地層が形成されるのには，一定の法則があります。まず，「地層水平性の原理」です。海の中では，地層は横に広がって堆積していくため，水平な縞模様をつくります。次に，「地層累重の法則」です。これは重なり合った一連の地層では，下の方が古く上の方が新しいということを示しています。その後，第四紀と呼ばれる時代になって，隆起に伴い，地層が傾くこともあります。図 2.3.10 はこの例です。新第三紀に堆積した地層が，第四紀の地殻変動によって傾いたことを示しています。

図 2.3.10 傾いた地層

新生代の大規模な地殻変動

　日本列島では，新生代新第三紀の終わりから第四紀にかけて，大規模な地殻変動が生じます。瀬戸内側は，鮮新世の終わり頃（300万年前）になって沈降を始め，鮮新世の終わりから前期更新世にかけて現在の瀬戸内海に沿って，古瀬戸内海湖と呼ばれる細長い湖ができました。

　現在，日本列島の骨格とも呼ぶことができる山脈，山地は，この時期から形成されました。北海道の日高山脈，東北地方の奥羽山脈，そして次に紹介するアルプス山脈などです。

　日本列島の中部地方を南北に連なる山脈は，ヨーロッパのアルプス山脈になぞらえて日本のアルプス山脈（日本アルプス）と名付けられています。日本アルプスは北アルプス（飛騨山脈），中央アルプス（木曽山脈），南アルプス（赤石山脈）を合わせて，このように呼ばれています。

　図 2.3.11 にそれらの位置関係を示しています。同じアルプスと呼ばれていますが，岩石そのものが形成された時期やその岩石の種類は異なっています。

北アルプス

　飛騨山脈の主要部分は，中部山岳国立公園に指定されています。山脈の最高峰は富士山と北岳に次ぐ国内3番目に高い奥穂高岳（標高 3190 m）です。飛

図 2.3.11 日本アルプスを構成する山脈

騨山脈は，多くの火山から形成されています。現在の高さになったのはそれほど古いわけではなく，第四紀になってからの2度の隆起によって現在の高さになりました。北アルプスは，太平洋プレートが北米プレートにもぐり込み，さらに北米プレートがユーラシアプレートにもぐり込むことによって隆起してきたと考えられています。

中央アルプス

　主に木曽山脈からなり最高峰は木曽駒ヶ岳（2956 m）です。木曽駒ヶ岳以北は砂岩・頁岩・石灰岩などの中古生層の堆積岩で構成されています。それより南は中生代終わりの頃の花こう岩からできているため，木曽山脈は大部分が花こう岩から成り立っていると言えるでしょう。ただ，東西の幅が 20 km しかなく，北アルプスや南アルプスと比べると細長い山脈です。

南アルプス

　赤石山脈は南アルプス国立公園の中心部となっています。北と東を糸魚川・静岡構造線，西を中央構造線で区切られています。中央は古生層，西は変成岩，東は新生代の第三紀層からなり，富士山に次ぐ高さを持つ北岳（3192 m）はじめ 3000 m 以上の高峰が連なっています。

いずれにしても，これらの山脈は，第四紀の急激な隆起によって誕生したと考えられています。その隆起速度も第四紀の中でかなりの変遷があったと推測されており，現在も計測から隆起が続いている場所であることがわかっています。ただ，隆起のメカニズムについては，完全な解明がされているとは言えません。

第四紀にできた景観

約260万年前より新しい時代である第四紀は，先述のように更新世（260万年〜1万年前）と完新世（1万年前〜現在）に分けられます。第四紀は氷河時代であり，氷期と間氷期が繰り返し訪れました。

その時代になると，各地域ともほぼ現在のような姿になりました。例えば，西日本では120万年前には瀬戸内海が完成し，大阪湾に海が進入しました。その後，氷期と間氷期もの繰り返しによる周期的な海面の昇降によって，海は進退を繰り返しました。

更新世の後半には，海水面の変動や土地の隆起によって，河川や海岸に沿って段丘がつくられました。現在の沖積平野を囲むように，高位段丘（30万年〜20万年前），中位段丘（13万年〜10万年前），低位段丘（3万〜1万年前）と区分されることがあります。

新第三紀に引き続き，第四紀も地域によっては活発な火山活動が起こっていました。柱状節理による景観から，比較的新しい火山活動も推定できます。例えば，山陰海岸ジオパークにも属する兵庫県玄武洞の柱状節理は有名です。図2.3.12は，約160万年前の噴火によってできた玄武岩の景観です。この地域では，中国の故事にちなんで，玄武岩からなる主な洞窟4つにそれぞれ，「玄武」「白虎」「青龍」「朱雀」の名前が付けられています。

火山活動によって生み出されるのは，流れ出た溶岩だけではありません。噴出した火山灰は海面下であれば，砂などと一緒に堆積し，岩石（凝灰質砂岩もしくは砂質凝灰岩）になります。岩石は泥を含んでいると，侵食されやすく，削られて図2.3.13のような景観を呈します。これは，福島県南会津に存在する「塔のへつり」と呼ばれるものです。この凝灰岩は第四紀の火砕流堆積物で，粒子が細かい泥岩状のため柔らかく，河川の侵食によって削られて，道ができ，以前は通行可能でした（現在は通行できません）。

図 2.3.12 玄武岩の柱状節理による「青龍洞」の景観

図 2.3.13 第四紀の火山灰と砂が混じった地層（塔のへつり）

2.4 地球の歴史を語る岩石・鉱物

　本書のテーマの一つ，各地域のさまざまな自然景観が「いつ，どこで，どのようにして，できたのか」といった疑問は，構成する地形，地質，岩石の形成を知ることが解決のポイントとなります。

　地球の歴史，地域の地質の変遷などを研究する学問を「地史学」と言います。地球環境のように時間や空間のスケールが大きくても，時間の表し方は歴史と同じです。つまり，地史でも，〇〇時代や△△年前という言葉が使われます。地層の新旧を比べることによって組み立てられる時代は相対年代と呼び，先カンブリア時代，古生代，中生代，新生代などがそれに相当します。具体的に何年前か数字で示す年代は絶対年代と呼ばれます。

地史の組み立て

　地史をどのように組み立てていくのか，代表的な方法を紹介しましょう。まず，火山灰（凝灰岩）層を鍵層として，地層の新旧を比べる方法です。図 2.4.1 は3つの地点の地層が形成された時の環境を示しています。ここに同時期に噴火し，堆積された火山灰層によって，それを含む地層の新旧の比較が可能になります。第四紀では，火山灰層だけでなく，海成粘土層なども鍵層となること

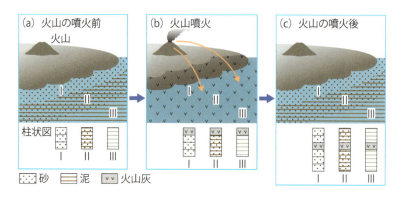

図 2.4.1　鍵層による地層の対比

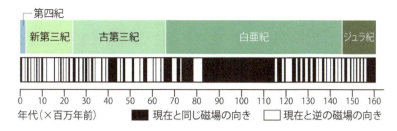

図 2.4.2 地史の中での地磁気の逆転

があります。

　また，岩石は，できた時代の地磁気の方向を記録している磁鉄鉱などを含むことがあります。地磁気（地球の磁場）は，現在と同じ向きの時代と逆向きの時代があり，これをもとにして地層が堆積した時期の推定や離れた地層の対比が可能になります（図 2.4.2）。

　地質時代を組み立てるためには，特に地層の中に含まれている化石や古生物が重要な役割を果たします。地域で発見された化石を整理し，展示した博物館もジオパークの一環として位置付けられているところもあります。地域の自然環境の知識と合わせて，自然の成り立ちを理解するためにも，このような博物館の存在や活用は大切です。

化石から探る日本列島の歴史

　岩石は，もととなる地層が堆積した時代の生物を含んでいることがあります。生物やその生活の痕跡（生痕）が岩石に保存されたものを化石と呼びます。本書でも地質時代ごとの説明をしてきましたが，地質時代は化石・古生物によって組み立てられました。古生代，中生代，新生代とそれぞれ「生」の字が入っているのは，「生物」によって区分されているからなのです。

　日本列島の地史を組み立てることに役立った化石について，代表的なものを取り上げてみましょう。代表的と言っても，それらを全て記載することはとてもできません。産出地を踏まえながら，日本列島の歴史を理解するために最小限の必要な古生物・化石を紹介します。

　なお，地質時代の区分と代表的な古生物・化石を一覧にしたものを巻末の表

図 2.4.3 古生代の石灰岩をつくるフズリナやウミユリなど

に載せています。

　日本で見つかった最も古い化石は古生代オルドビス紀のものです。岐阜県で発見されたコノドント化石がそれです。シルル紀以降では比較的温暖な気候であったことが推測できるサンゴの化石も見られます。また、全国的にカルスト台地や鍾乳洞などを形成してきた古生代の石灰岩からは、サンゴやフズリナ（紡錘虫）、ウミユリなどが見つかっています（図 2.4.3）。

　中生代で最も多くの人に興味を持たれる古生物・化石は、何といっても恐竜でしょう。日本列島で初めて恐竜が見つかったのは福島県の双葉郡です。高校生がこの化石を発見したため、彼の名前と地名から、この恐竜は「フタバスズキリュウ」と名付けられました。復元された骨格模型は、東京の国立科学博物館に展示されています（図 2.4.4）。

　恐竜は日本各地で発見されています。現在、多くの恐竜が展示されているのが、福井県立恐竜博物館です（図 2.4.5）。ここでは、ティラノサウルスなど、発掘されたたくさんの古生物を見ることができます。発掘体験ができる場所も近接しています。同博物館は、カナダのロイヤルティリル古生物博物館（図 2.4.6）の協力を得たこともあり、展示方法、さらには建物の雰囲気も似ています。

　なお、最近でも新たに恐竜が各地で発見され、注目を集めています。兵庫県

図 2.4.4　フタバスズキリュウ

図 2.4.5　福井県立恐竜博物館

　丹波篠山市の河床では「丹波竜」と呼ばれる白亜紀の恐竜が見つかり，発掘調査が行われました。地域の活性化につなげるなど，恐竜による町おこしも期待されています。
　中生代で恐竜とともに人気が高いのがアンモナイトです。軟体動物であるアンモナイトは国内でも産出していますが，特に北海道で数多く見つかっています。主に白亜紀後期に属するアンモナイトで，その大きさはさまざまですが，

図 2.4.6 カナダ・ロイヤルティリル古生物博物館

図 2.4.7 で示したように三笠市立博物館での直径 1 m を超えるアンモナイトの展示は圧巻です。なお，三笠市立博物館およびその周辺は三笠ジオパークに認定されています。

図 2.4.7 アンモナイト（三笠市立博物館）

> **column** 韓国・三千浦(サンチョンポ)の慶尚層群と山口・関門層群
>
> 日本各地で恐竜の足跡化石も発見されていますが、お隣の韓国でも、恐竜の足跡化石が見つかっています（**図2.4.8**）。化石を含む地層は慶尚(けいしょう)層群と呼ばれ、当時、日本列島はまだ東アジアの一部であり、この地層は日本の関門層群と一続きの地層でした。そのため、山口県の日本海側あたりの関門層群を注意深く見ると恐竜の足跡が見つかるかもしれません。

図 2.4.8 韓国・三千浦の恐竜の足跡

新生代の化石

　新生代になると各地からさまざまな化石が見つかっています。日本列島では、古第三紀に石炭のもととなる植物、新第三紀に石油のもととなるプランクトンなど、いわゆる化石燃料の形成がこの時代の一つの特色です。これについては次章で詳しく見ていきます。

　古第三紀では、先述の貨幣石（ヌンムリテス）が代表的ですが、九州天草、小笠原諸島（母島）、沖縄など産出の分布範囲は限られています。かつて新第三紀とされ、多くの植物化石が見つかった神戸層群（現在では古第三紀とされています）からは、サイの仲間のアミノドン類が発見されています。

　新第三紀では、デスモスチルス（**図2.4.9**）のような大型の動物からビカリアまで種々の化石が国内各地で見られます。中には、岐阜県の瑞浪(みずなみ)層群のよう

図 2.4.9　デスモスチルスの復元模型

に当時の貝化石がそのまま河原で観察できたり，採掘することができたりするところもあります。

　第四紀は人類の時代と呼ばれています。しかし，一方で人間によって絶滅に追いやられたと言われるマンモスなどの大型哺乳類もいます（環境変動説もあり，不明なところもありますが）。

　ナウマンゾウやヤベオオツノジカなども日本列島に人類が現れた後期旧石器時代に絶滅しました。ナウマンゾウは明治のお雇い外国人ナウマンにちなんで名付けられ，東京や北海道でも見つかっています。多くのナウマンゾウが発見されている野尻湖ではキルサイト（解体場所）の可能性も考えられています。図 2.4.10 は野尻湖で発掘されたナウマンゾウの臼歯です。

生きている化石「メタセコイア」

　メタセコイア（図 2.4.11）は最初に日本で化石として発見された木で，かつて国内で自生していましたが絶滅したと考えられていました。しかし，その後，1948（昭和 23）年に中国で生きた個体が発見されたことから「生きた化石」と言われています。メタセコイアは，中国から日本に持ち帰られ，現在では，多くの学校・大学で目にします。メタセコイアは成長が速く，まっすぐに育つことへの期待でしょうか。

図 2.4.10 野尻湖で発掘されたナウマンゾウの臼歯

> **column** 第四紀の足跡化石
>
> 　大阪府富田林市の石川からは第四紀完新世（約 100 万年前）の地層から，アケボノゾウはじめ多くの動物の足跡化石が見つかっています。1989 年に高校の部活動で発見されて以来，現在も調査が続けられています。

図 2.4.11 生きた化石「メタセコイア」

> **column** 時代を決める示準化石と環境を決める示相化石
>
> 本節では，地質時代を決定する化石について紹介してきました。地層の堆積した時代の手がかりとなる化石を示準化石と呼びます。これには，生存期間が短く，分布が広いこと，個体数が多いことなどが条件となります。一方，堆積した時の環境を推定することに役立つ化石のことを示相化石と呼びます。特色としては，示準化石とは逆で，生存期間が長いこと，分布が狭いことで，個体数が多いことだけは同じです。中には限られた環境と時代にしか生存しなかった古生物もおり，示準化石・示相化石の両方の役割を持つものもあります。

日本列島解明への手がかり

　生存していた時代が長いにもかかわらず，進化が速いため，示準化石として決め手になるのが放散虫です。日本列島が形成された時代の解明に大きな役割を果たしました。

　繰り返して紹介してきましたように，日本列島の形成には付加体を無視するわけにはいきません。その付加体もプレートの動きに伴って次々と新たな地層が重なってくるので，地質としては複雑な構造となります。図 2.4.12 は四国沖の付加体の構造です。北西側の地層の方が古くなってきますが，1 枚の地層の中でも複雑なところがあります。ここでの付加体を形成しているのがチャート（放散虫の遺骸が海洋底に堆積してその殻がもととなってできたもの）です。

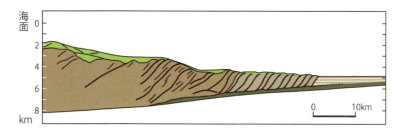

図 2.4.12 模式的に示した四国沖の付加体の構造

年代測定の物理的手法

絶対年代の測定にはさまざまな方法があります。代表的なものには岩石中の放射性同位体の壊変（崩壊）を利用したものが挙げられます。壊変（崩壊）とは原子核が放射線を出して別の原子核に変わる現象のことです。

ここでは、古い地質年代を測定するウラン 238 を用いたフィッショントラック法から比較的新しい時代を測定する炭素 14 法までの原子核の壊変現象を利用する方法について簡単に紹介します。

フィッショントラック法

鉱物には必ず微量のウラン 238 が存在します。ウラン 238 は、自然に核分裂を起こし、その核分裂片の通過した跡が飛跡として鉱物中に記録されます。したがって鉱物中のウランの原子数と飛跡の数とから、数万年から数億年の年代測定が可能です。

カリウム・アルゴン法

鉱物等に含まれている放射性元素カリウム 40 （^{40}K）は、約 13 億年の半減期で放射性崩壊してカルシウム 40 （^{40}Ca）とアルゴン 40 （^{40}Ar）という別の元素に変わります。カリウムの放射性同位体 ^{40}K から生じる ^{40}Ar の量を測定することにより、岩石の年齢を知る方法です。ルビジウム・ストロンチウム法やウラン・トリウム・鉛法も原理は同じです。

炭素 14 法

炭素 14 （^{14}C）が窒素 14 （^{14}N）に壊変する性質を用いて、生物遺体の生成年代を測定する方法です。生きている生物は大気中の二酸化炭素 （CO_2）を取り込むため、体内の炭素 14 の割合は大気中の炭素 14 の割合と等しく、一定の値を持ちます。生物の死後、生物体内の炭素 14 の割合は放射壊変によって減少していくので、その減り具合を計測して年代を求めます（大気中の炭素 14 も崩壊しますが宇宙線によって炭素 14 が生成し、大気中の炭素 14 の量は一定に保たれます）。壊変によって始めの放射性物質の数が半分になるまでの時間を半減期と言います（**図 2.4.13**）。

半減期は放射性物質の種類によって異なります。例えば、考古学の遺物の年

81

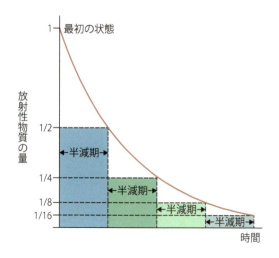

図 2.4.13 放射性同位体の半減期

代など，比較的新しい時代の測定には炭素14法が使われますが，炭素の半減期が比較的短いため，新しい時代の測定にしか活用できません。

　放射性物質は壊変を繰り返し，最終的に安定した物質へ変化すると放射線を放出しなくなります。ヨウ素は8日，セシウム134は2年ですが，セシウム137は30年です。福島第一原子力発電所事故では，セシウム137の蓄積量は事故後約80日で最大1470万 Bq/m^2 となり，チェルノブイリ原子力発電所事故の340万 Bq/m^2 を大幅に超え厳しい対応に迫られました。

図 2.4.14 フィッショントラック法によって年代測定できるグリーンタフ

An Illustrated Guide to
Terrain, Geology, and Rocks of the Japanese Islands

第3章

多様な自然景観の形成とそのプロセス

新潟県・妙高山

3.1 火山の地形，地質・岩石

日本の火山噴火とそのメカニズム

　日本列島の景観をつくる要因として，火山やその活動は無視できません。現在の日本列島における地震および火山噴火を理解するには，4つのプレートと日本列島との関係を理解しておく必要があります。まず，日本列島および周辺でのプレートと火山との位置関係を見ていきましょう。図3.1.1は日本列島

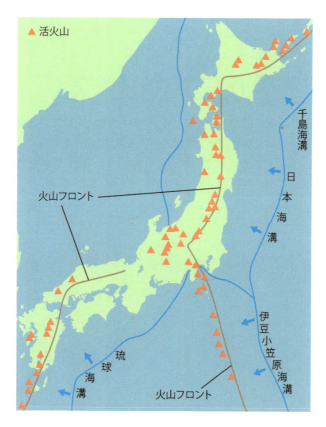

図 3.1.1　日本列島をめぐるプレートと火山の分布

付近でのプレートの存在と火山の分布を示したものです。

図3.1.1から，太平洋プレートは，北東日本が乗っている北米プレートの下にもぐり込んでいることがわかります。その場所から西側（日本列島側）に，一定の距離を持って，南北に連なる火山フロント（火山前線）が存在します。

また，太平洋プレートは，フィリピン海プレートと呼ばれる海のプレートにももぐり込んでいます。伊豆大島三原山や三宅島が噴火し，新たな海底火山の噴火によって島ができるのは，このためです。西之島（東京都小笠原村）は2013年から噴火を繰り返しています。2017年4月には島が拡大するほどの噴火が発生しました。現在も噴火する可能性があるため，上陸して調査することはなかなかできません。

一方，フィリピン海プレートも主に南西日本が乗っているユーラシアプレートの下にもぐり込んでいます。九州の火山はこの運動と関係しています。しかし，中国地方は必ずしも火山が多いというわけではありません。これは，フィリピン海プレートの北に向かう方向のプレートが新しく，もぐり込む角度が浅いためと考えられています。

一般にプレートが形成された年月が新しいほどプレートは軽く，もぐり込む角度が浅くなり，火山活動も活発にはならないと考えられています。もぐり込み角度とプレートの形成年代との関係を模式的に図3.1.2に示します。

古いプレートほど冷えて重くなり（密度が高くなり），急な角度でプレート

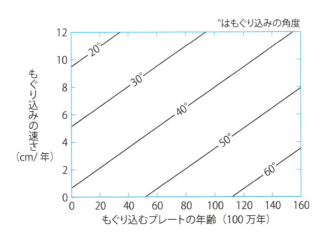

図3.1.2 プレートの形成年代ともぐり込み角度および速さの関係

にもぐり込むことが読み取れます。これが活発な火山活動に大きく関係しています。

火山噴火と火山岩

　火山噴火時など，マグマが地表面に噴出し，冷えて固まった岩石を火山岩と呼びます。火山岩は，二酸化ケイ素（SiO_2）の含有量の多い順に，流紋岩，安山岩，玄武岩と呼ばれます（流紋岩と安山岩の間に石英安山岩が位置付けられることもあります）。

　SiO_2を含んだ溶岩は粘性度が高く，噴火後の溶岩は釣鐘状の火山になります。例えば，北海道の有珠山や昭和新山（図 3.1.3），羊蹄山などはこの例です。粘性度が高いため，溶岩円頂丘なども形成しやすくなります。また爆発的な噴火が生じることもあります。

　一方，SiO_2の含有量が少ない溶岩は粘性度が低く，冷えて固まると黒っぽくなります。安山岩や玄武岩がこれに相当します。この溶岩はなだらかな溶岩台地をつくります。玄武岩からなる火山として有名なのはハワイ島のマウナロア火山やキラウェア火山です。2018年5月にはキラウェア火山が噴火して，溶岩が人里や海まで流れ出した状況を映像で見た人もいるでしょう。

　伊豆大島三原山も同じ玄武岩質の岩石です。流紋岩質の火山に比べ，ストロ

図 3.1.3　北海道・昭和新山

図3.1.4 1986年噴火直後の伊豆大島・三原山

ンボリ式という比較的穏やかな噴火をすることが多く，従来から数多くの噴火記録が残されていました（イタリアのストロンボリ山からこの名称がついています）。1986年11月の噴火では，暗い夜の中，割れ目噴火によって大規模な赤橙色の溶岩が流れ出した実況映像が国内に大きな衝撃を与えました。割れ目火口からの溶岩流が集落にまで迫ったため，結果的に全島避難となり，島民全員が船で脱出しました（図3.1.4）。

　伊豆大島は，富士箱根伊豆国立公園に指定されており，伊豆大島ジオパークにも認定されています。島の中央部はカルデラ（p.93）を呈しており，そのカルデラ内の中央火口丘が標高758 mの三原山最高峰です。

　多くの教科書に地層の堆積の状況として掲載されているのが，伊豆大島三原山の火山堆積物の露頭（図3.1.5）です。ここでは火山灰やスコリアの積み重なりを見ることができ，その前のバス停の名前も「地層断面前」と名付けられています。

　かつては，火山灰層の堆積後に，地層に力が加わって褶曲したと考えられた時もありました。しかし，現在では，褶曲に見えるのは，堆積前の凹凸の地形を反映していることがわかっています。

図 3.1.5 伊豆大島・三原山の火山灰の堆積物の露頭

column 岩石の名称（特に火山岩）について

　岩石に限らず，自然科学に関する名称や用語を翻訳することは大変な作業です。そのため英語名をそのまま使う国もあります。しかし，日本は明治維新後，労力をかけて名称や用語など全て日本語に訳しました。ただ，結果的に統一性の取れない名称もあります。

　火山岩の流紋岩は流れ模様がついているため，このような名前となっていますが，成分的には流紋岩であっても，表面に流れ模様がない場合は，粗面岩と呼ばれていたこともあります。また，安山岩は，南米のアンデス山に見られる岩石（Andesite）をそのまま漢字であてはめたものです。玄武岩の「玄武」は，火を噴く亀に似た中国の架空の聖獣（かつて日本でもガメラという怪獣がいました）から来ています。前章で紹介した兵庫県の「玄武洞」にまず名付けられ，そこの岩石を「玄武岩」と呼ぶようになりました。**図 3.1.6** は玄武洞と伝説の聖獣「玄武」です。

図 3.1.6 「玄武」と「玄武洞」

富士山

　日本の山で最も有名な山は富士山であることは疑いもありません。日本の最高峰（約 3776 m）であるというだけでなく，主に安山岩質の成層火山として，均整のとれた自然美を持つため，代表的な景観に挙げられます。世界遺産の中でも歴史遺産として登録されています。

　富士山もこれまで何度か噴火を繰り返してきました。富士山の南東斜面にも火山が密接しています。これは，宝永山と呼ばれ，宝永 4 年（1707 年）の宝永大噴火で誕生した側火山（寄生火山）です。標高は 2693 m もあり，その火口の様子もうかがえます。斜面は全体的にはなだらかですが，注意深く見ると

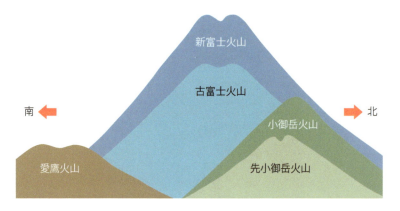

図 3.1.7　富士山形成の4つの火山活動

大沢崩れ（大沢川周りの大規模な侵食谷）の跡も見られます。

　富士山の構造は，**図 3.1.7** のようにおおまかに，先小御岳火山，小御岳火山，古富士火山，新富士火山の4つの火山活動によって形成されたと考えられています。先小御岳が数十万年前の最古の活動によってできた火山とされ，その後，小御岳火山ができました。古富士火山は約9万年前から1万5千年前頃まで噴火を続けて，噴出した火山灰が降り積もったこともあり，3000m級の火山となりました。現在の富士山は，約5000年前からの火山活動によって形づくられ，これを新富士火山と呼んでいます。新富士火山の噴火では，溶岩流，火砕流，スコリア（多孔質で暗色の火山噴出物），火山灰が噴出し，先述のように成層火山としての富士山の形を整えました。その後も山体崩壊，側火山の噴火などが発生しており，それらの跡は今日も観察できます。

> **column　富士山の円錐形と全国の「〇〇富士」**
>
> 　全国各地に富士山のような形態をした山があり，「〇〇富士」と呼ばれている山が300以上あります。ただし，富士山のような火山噴出物による成層火山だけでなく，違った種類の岩石からできている場合もあります。日本百名山にも本書で紹介する磐梯山（会津富士），筑波山（筑波富士），妙高山（越後富士）などがあります。

噴火によってつくられた火山の景観

　噴火によって，新たに島や山ができることがあります。先述の西之島の拡大や口之島の燃岳(鹿児島県)などの溶岩ドームも有名です。ここでは，国立公園や国定公園，ジオパークなど，観光地にもなっている日本の著名な火山を一部紹介しましょう。

浅間山と1783年の噴火

　浅間山(標高2568 m)は，有史以来何度も噴火を続けてきました。その中でも多くの記録が残っているのは天明3年(1783年)の噴火です。この時の様子が今もうかがえるのは,「鬼押出し」です(図3.1.8)。鬼が押し出してつくったような岩石群から名づけられました。これは，浅間山の噴火の際に流れ出た安山岩を主とする塊状の溶岩です。火口から水平距離にして5.5 km，分布面積は6.8 km^{2}と短時間に大量に噴出したことがわかります。

　この地域は，以前より上信越高原国立公園として有名でしたが，現在は,「浅間山北麓ジオパーク」にも認定されています。観光用としても「鬼押出し園」として遊歩道が整備され，浅間火山博物館も隣接しており，ここに噴火の記録も展示されています。

図3.1.8　現在の鬼押出しの様子

> **column** 鎌原観音堂の埋没した階段
>
> 　1976（昭和 51）年，浅間山火口から北 12km にある鎌原村の観音堂で発掘調査が行われました。図 3.1.9 の観音堂は高台にあり，かつてお堂まで 50 段の階段があったと言われていますが，1783 年の浅間山の噴火によって 15 段しか残っていません。階段の途中で，噴火による大規模な岩屑なだれ（かつては火砕流とも考えられていました）に巻き込まれ亡くなった二人の人骨が発掘されました。一方が一方を背負って避難しようとしたところに岩屑なだれに巻き込まれたと見られています。それ以外にも埋没した当時の生活状況が復元され，鎌原村は日本のポンペイと呼ばれることがあります。

図 3.1.9　現在見られる鎌原観音堂の埋没した階段

カルデラの形成と周辺の地形

　浅間山だけでなく，日本の大規模な火山には，噴火後に形成されたカルデラと呼ばれる円形の凹地が見られます。スペイン語で釜や鍋という意味の caldera という言葉が由来となっています。カルデラのでき方を簡単に図 3.1.10 に示します。

　日本の多くの火山はカルデラを形成しています。中でも阿蘇カルデラは，東西 18 km，南北が 25 km と世界でも有数の規模です（日本では屈斜路カルデラに次ぐ 2 番目の大きさです）。阿蘇カルデラは，30 万年前～9 万年前に発生した 4 回の噴火により形成されました。阿蘇カルデラには，代表的なジオサイ

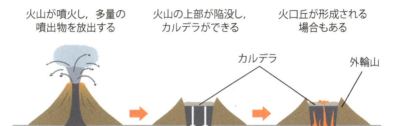

図 3.1.10 カルデラのでき方

図 3.1.11 阿蘇カルデラの草千里

ト，草千里と呼ばれる 78 万 m^2 の広大な草原が存在します（**図 3.1.11**）。

　カルデラが形成される前，つまり噴火前の火山は，外輪山の斜面の延長から現在見られる火山より，はるかに高かったことが推定される場合もありますが，実際は不明です。なお，第四紀完新世の噴火では，杵島岳（約 4000 年前），米塚（約 3300 年前）などのスコリア丘が形成されています。

　阿蘇山は有史以来，何度も大規模な噴火をし，そのつど注目を集め，現在では阿蘇くじゅう国立公園，世界ジオパークとしても国際的に有名な火山です。

　また，九州には，火山活動と関係した国立公園やジオパークが多数存在します。祖母渓国定公園に指定されているのが，**図 3.1.12** の高千穂峡（宮崎県）

図 3.1.12 高千穂峡の柱状節理をもった景観

です。日が差していると神々しい美しさが感じられますが，周囲の岩石は，これまで見てきた柱状節理の景観を呈する火山性の岩石です。この岩石は先述の阿蘇山の噴火時（12万年前，9万年前）の火砕流が固まってできました。本書でも安山岩や玄武岩などの火山岩が冷えて固まってできた柱状節理を多数紹介しましたが，それ以外にも高千穂峡のように火砕流が固まった溶結凝灰岩が柱状節理をつくることがあります。

> **column　カルデラを生じるレベルの噴火が現在起こったら**
>
> 　カルデラが生じる規模の噴火が発生すると，大量の火山噴出物が放出されます。その時，人間にどのような影響が生じるか，過去の噴火を現在に置き換えて想像するだけでも恐ろしさを感じます。
> 　例えば，7300年前に鹿児島県薩摩半島から南方約50 km沖の海底で巨大火山噴火が生じました。その時の火山灰（アカホヤ火山灰）に覆われた面積は約200万 km²，体積は約100 km³にもなり，東北地方にも達しています。現在は三島村・鬼界カルデラジオパークに認定されています。
> 　日本列島には九州，北海道に大規模なカルデラを持つ火山が存在しますが，火山には壮大な美しさとともに壊滅的な恐ろしさを感じさせる自然の二面性がうかがえます。

火山と温泉

　火山活動の活発なところでは温泉が湧き出します。火山の恩恵の一つです。火山近くで温泉が形成されるメカニズムを図3.1.13に示します。

　日本各地にはさまざまな温泉が存在します。大分県は，多数の温泉の存在から「温泉県」と呼ばれることがあります。中でも温泉の様子を観光に利用した「地獄めぐり」（図3.1.14）が有名です。海地獄や血の池地獄と呼ばれる場所があります。前者は，ケイ酸や硫黄などの成分のために青色，後者は鉄分のため赤色となります。

図3.1.13　温泉の形成

周辺に火山がない「有馬型温泉」

　火山性の熱源が地下水を温めて温泉となることについては理解しやすいでしょう。しかし，活火山のない場所でも温泉は存在します。例えば近畿地方では，現在，活火山は存在しませんが，兵庫県の有馬温泉や和歌山県の白浜温泉

図 3.1.14 大分県の地獄温泉（海地獄と血の池地獄）

などは昔から有名です。また，愛媛県の道後温泉近くにも火山は存在しません。

　最初に述べた通り，フィリピン海プレートのもぐり込みは浅いため，マグマが発生せず，九州地方に比べて近畿，四国，中国地方の火成活動はほとんどありません。しかし，もぐり込み時に高温高圧の海水が岩石から供給され，断層によって地表に上昇し，それが温泉の熱源となることは考えられます。

　日本書紀，風土記といった古い文献にも登場する道後温泉，有馬温泉，白浜温泉は日本三古湯とも呼ばれています。特に有馬温泉は歴史的に有名な人物が関わっており，奈良時代には行基がここに温泉寺を建立し，また豊臣秀吉は大きな出来事があった時にはここで湯治を行い，延べ9回も訪れたと言われています。江戸時代に作成された温泉番付では，西大関（当時の相撲では横綱がなく大関が最高位）に据えられています。

column 沖積平野での温泉

　最近では，火山どころか，沖積平野の全く熱源の気配のないところにも温泉があります。この理由を**図 3.1.15** から説明します。地下深部に行くほど温度が高くなり（これを地温勾配率と言い，平均的には 100 m 下がると温度は約 3℃ 上昇します），必然的に存在する地下水の温度も上昇します。つまり，1000 m 掘ると 30℃，1500 m 掘ると 45℃ 上昇しますので，もともと地表面で 10℃ の水でも，地下 1000 m では 40℃，地下 1500 m では 55℃ になります。これを汲み上げれば温泉です。つまりは，掘削によって，つくられた（？）温泉と言えるでしょう。

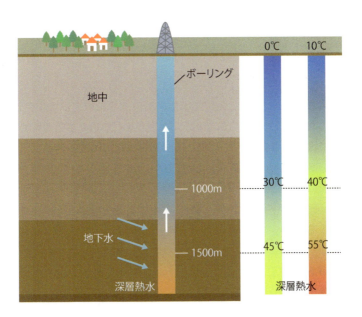

図 3.1.15　地温勾配を利用した温泉

3.2 海岸地形と地質・岩石

　日本列島の海岸線は世界でも6番目の長さになります。また，地質が形成された時代や構成する岩石の種類の多さから海岸の景観も複雑です。

　砂浜海岸や岩石海岸の違い，大きく地形を捉えても，海に広がった陸地，逆に陸地に入り込んだ湾岸など地域によっても異なります。

多様な半島とその景観

　独特な景観を持った半島が多く見られるのも，日本の海岸の特色です。半島の形態だけでなく，成因もさまざまです。その中のいくつかを紹介していきましょう。

伊豆半島ジオパーク

　2018年に世界ジオパークに認定された伊豆半島は，もともとこの場所にあったわけではありません。約2000万年前（新第三紀中新世）には，より南の海に存在していた火山島が海洋プレートに乗って移動し，約60万年前に陸地と衝突して半島になったと考えられています。さらに陸地のプレートへ潜り込もうとする海洋プレートの押し付ける力によって，この半島が北上を続け，富士山が形成されました。

　伊豆半島は富士箱根伊豆国立公園にも属し，火山性堆積物の地形，地質が広がっています。**図3.2.1**に示した堂ヶ島海岸では，海底火山の噴火にともなう海底での土石流，その上に降り積もった軽石・火山灰層の堆積物が見られます。全体的に白っぽい火山性堆積物の地層は堂ヶ島の特徴的な景観をつくり出しています。散歩道からは，国指定天然記念物の天窓洞とその下を通る遊覧船を見ることもできます。

島原半島ジオパーク

　現在，ジオパークの名前の中に「半島」がつくのは，先の「伊豆半島」と「島原半島」だけです。島原半島の中央部には雲仙岳という火山があり，1991年，

図 3.2.1 堆積構造が見られる伊豆半島の地層

雲仙普賢岳の火砕流によって，43名の方が犠牲になりました。この復興から「人と火山の共生」がこの世界ジオパークのテーマとなっています。この時に形成された平成新山（1483 m）が島原半島での最高峰です。雲仙国立公園は日本で最初の国立公園に指定されましたが，現在，島原半島は熊本県天草諸島と合わせて，雲仙天草国立公園に属しています。

海水面の相対的変動と景観

リアス式海岸

　海岸が隆起したり，さらには丘陵や台地が沈降したりすることで，さまざまな地形が出現します。陸地が海洋に対して隆起した場合，沈降した場合がありますが，海面変動によって陸地が相対的に上昇・下降する場合もあります。つまり，氷河期では，大陸氷河が発達して，海水面は低下し，土地が相対的に上昇します。逆に間氷期（温暖期）では，氷河が解けて，海水面が上昇し，土地が相対的に下降します。最近では，この原因の方が強いと考えられる地域もあります。

　土地が相対的に下降して形成されたのが，リアス式海岸（単にリアス海岸とも言う）や溺れ谷と呼ばれる地形です。このような景観が形成されるのは，岩盤が火山岩や中古生層の堆積岩などが固いことも原因です。リアス式海岸では

山から海へと急な地形になります。図 3.2.2 京都府伊根の舟屋です。住宅は海に面しており，車庫ではなく艇庫が設置されています。

リアス式海岸として，日本で最も有名と言っていいのが，陸中海岸でしょう。陸中海岸は「陸中海岸国立公園」の名で親しまれてきましたが，東日本大震災発生後は「三陸復興国立公園」となり，日本ジオパークとしても認定されました。その面積は日本で最大です。

図 3.2.2　リアス式海岸に立地する京都府・伊根の舟屋

図 3.2.3　田老湾の三王岩

図3.2.3は岩手県田老湾に存在する三王岩(さんのういわ)です。田老湾は東日本大震災で防潮堤の倒壊によって大きな被害をこうむりました。被害を受けた「たろう観光ホテル」は震災遺構として残されています。その近くに「三王岩」があります。東日本大震災発生後，近くまで行くことはできなくなりましたが，最も大きな中央の岩は，下部は主に礫岩(れきがん)，上部は砂岩からできています。これらの堆積岩は約1億1000万年前の中生代白亜紀に浅い海で堆積したものと考えられています。

海底の隆起

かつての岩石の海底が隆起して見られる景観に海食台があります。図3.2.4の海食台は，新潟県佐渡島の国の天然記念物および名勝に指定されている小木海岸の様子です。以前は浅い海底でしたが，1802年の小木地震によって海底が隆起し，現在見られるような海岸の景観になっています。構成する岩石は主に新生代新第三紀中新世の玄武岩です。

また，ここでは地震以前の海底の様子やポットホール（甌穴(おうけつ)）が見られます（図3.2.5）。ポットホールは日本の岩石海岸ではいたるところで見ることができます。このでき方を，図3.2.6で示しました。最初は小さな窪みに石が入り，潮流の動きによって，穴の中で石が一層大きく周囲を削り，長い年月の間をかけてこのような大きな窪みができるのです。

図3.2.4 地震によって隆起した佐渡島の海食台

図 3.2.5 小木海岸のポットホール

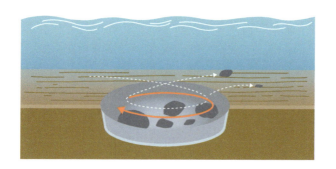

図 3.2.6 ポットホールのでき方

海食崖と海食洞

　固い岩石といえども，長い間，海の荒波にさらされると侵食される部分も生じます。中には，削れていく中で穴が貫通して，「洞門」と呼ばれる空間ができる場合もあります。これは海食洞のことです。

　固い岩石の種類もさまざまです。例えば，日本海側では，たびたび紹介して

図 3.2.7 白浜・円月島の海食洞

きました火山岩が侵食を受けた海食洞などが見られますが，太平洋側では，新第三紀中新世の砂岩や礫岩が海食崖や海食洞をつくります。中央部に海食洞がある南紀・白浜（和歌山県）のシンボル，円月島（高嶋）は主に礫岩から形成されています（図 3.2.7）。

　海食崖は波浪の侵食によって形成される急激な角度を持った岩壁です（p.124，図 3.4.1）。構成される岩石の硬さの違いによって，侵食の差が生じ，上のような海食洞が形成されることがあります。

　白浜は南紀・熊野ジオパークに認定され，さまざまな堆積岩による地形が観光の対象となっています。千畳敷と呼ばれる波の侵食でできた平らな海底が相対的に上昇して，海岸段丘となった地形，三段壁と呼ばれる厚い砂岩層がつくる高さ 50 m ほどの海食崖などが見られます。

　また，白い鮮やかな海食崖や海岸も見ることができます。岩手県・宮古市の海岸では，青い海とのコントラストが美しく，この世のものとは思えない極楽のような景観です。そのことから「浄土ヶ浜」と呼ばれています（図 3.2.8）。この白い岩石は古第三紀の流紋岩です。ここは三陸復興国立公園および三陸ジオパークの中心に位置します。

図 3.2.8 岩手県・宮古市の浄土ヶ浜

砂泥互層や岩脈がつくる海岸の景観

　宮崎県青島から日南市にかけての海岸に見られる「鬼の洗濯岩」は有名ですが，このような地形は全国の海岸で見られます。これは新第三紀中新世の終わり頃（約700万年前）に大陸棚で形成された砂岩泥岩互層です。基本的に深い海では泥が堆積しますが，時々陸地で洪水が発生し，砂が供給されると，このような互層（岩質の異なる層が交互に重なっている地層）が形成されます（図3.2.9）。砂岩泥岩層は相対的な土地の上昇によって，海面上に現れた場合，侵食に弱い泥岩層が削られ，比較的侵食に強い砂の部分が残り，「洗濯板の表面」のような凸凹な地表面となります。なお，鬼の洗濯岩以外にも海岸には波食棚による景観が見られ（干潮時），宮崎県から鹿児島県にかかる地域は日南海岸国定公園に属しています。

　侵食作用にも比較的強い岩石として火山岩質の岩脈があります。周囲の堆積岩層が，海岸部の侵食作用によって削られ，岩脈だけが残った景観も見られます。その例である和歌山県の橋杭岩は，新第三紀中新世の中頃（約1500万年前）の火山活動に伴う岩脈が表出したものです。ただ，橋杭岩を構成する流紋岩質の固い岩脈も，一部は波によって崩壊しているのがわかります。橋杭岩は吉野熊野国立公園に属しており，国の名勝や国の天然記念物の指定も受けています。

図 3.2.9 砂泥互層による海岸の景観

波と風がつくる地形

　これまで，主に火山岩などの岩石海岸を紹介してきました。しかし，一般的に海水浴などに向いているのは砂浜海岸です。砂浜の砂の粒は石英（二酸化ケイ素（SiO_2）を主成分とする鉱物）からできています。その石英の起源は，多くの場合，花こう岩です。花こう岩の主な構成鉱物には，石英をはじめ，黒雲母，長石があります。花こう岩が風化し，黒雲母，長石などは溶けてなくなり，石英だけが残ります。この石英が主に堆積してできたのが砂浜海岸です。

砂丘と風紋

　花こう岩起源の石英粒が砂として河川によって運ばれ，海岸付近に堆積した場合，海からの風やそれによる海岸流によって砂丘ができる場合があります。特に日本海側の風は強く砂丘が発達します。

　日本で最も面積の大きい砂丘は青森県の猿ヶ森砂丘です。しかし，観光用の砂丘として有名なものは鳥取砂丘です。この砂丘を構成する砂は千代川から運ばれてきました。図 3.2.10 は鳥取砂丘の景観を示したものです。特に「馬の背」と呼ばれる起伏のある大規模な砂山をつくっています。これだけの砂の堆積は岩石の風化と河川の堆積，そして海岸に向けての沿岸流などの自然の力だけで供給されたものではありません。ある意味では上流側の人為的な力も加

図 3.2.10 鳥取砂丘と風紋（右）

わっていますが，それについては別の章で紹介します。砂丘の表面には風紋が見られます。風紋とは風の動きが砂の表面に残ったもので，風の方向や強さによって，形を刻々と変えていきます（**図 3.2.10** 右）。

砂嘴，砂州

半島や岬のまわりに砂が堆積して海に突き出た低平な細長い堆積地形のことを砂嘴（さし）と呼びます。また，これが発達した地形を砂州と言います（**図 3.2.11**）。その代表的な自然景観が日本三景の一つ，京都府に存在する天橋立です。

さらに，この砂州によって陸と繋がった島を陸繋島（りくけいとう）と言います。その砂州部分をトンボロと呼びます（トンボロは土手を意味するラテン語が由来）。海岸

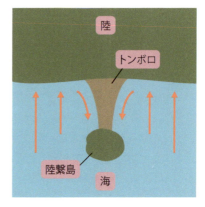

図 3.2.11 砂州のでき方　　**図 3.2.12** 陸繋島のでき方

図 3.2.13 陸繋島である函館の夜景

　付近に島があると沖からの波が島の裏側で打ち消し合って波は穏やかになります。ここに沿岸流などで運ばれてきた砂が堆積し，やがて海岸と島を結ぶ砂州が発達した結果，トンボロが形成されます（**図 3.2.12**）。

　宮崎県・青島も陸繋島ですが，観光地としては，北海道の函館山が有名です。5000 年前に函館山は陸続きになり，現在，函館市の中心街はこの砂州の上にあります（**図 3.2.13**）。陸繋島は日本各地で見ることができます。第 1 章で佐渡の大野亀を紹介しましたが，その近辺に二つ亀という陸繋島があります（**図 3.2.14**）。

図 3.2.14 二つ亀

column 日本三景と海岸線

　上で紹介した天橋立，安芸の宮島，松島は日本三景と呼ばれます。松島の美しさは，多島海のところでも説明した通りです。また，砂嘴としての天橋立の景観についても紹介しました。残りの一つは安芸の宮島として有名な厳島（広島県）です。中生代白亜紀の花こう岩を基盤とする安芸の宮島（厳島）は神社が有名です。満潮時には，社殿近くにも水が入り，自然と歴史の調和を感じることができます。写真は干潮時の鳥居の様子です（図3.2.15）。

図3.2.15 厳島神社の鳥居

図3.2.16 厳島の山頂に露出する花こう岩

3.3 陸水がつくる地形や景観

　陸地の水域，例えば，河川や湖沼なども特徴的な自然景観を構成しています。ここでは陸水に関連する地形や景観を見ていきましょう。なお，陸水とは，海洋に対する言葉であり，河川や湖沼以外にも，湿地，地下水や温泉，さらには雪氷など内陸部に存在するあらゆる水のことを示します。

　まずは，陸水の代表的なものとして，河川を取り上げます。河川の働きによって，さまざまな地形が形成されます。流水の働きには，主に侵食・運搬・堆積作用の３つがあり，それに関連して見られる自然景観を紹介していきましょう。

　河川は山側から海側に向かって，流域を上流，中流，下流という呼び方をするのが一般的です。しかし，日本の河川は欧米などに比べて，急峻なため，流路が短く，ほとんどが上流と考えられます。確かに海に注ぐ沖積平野は下流と見なされることが多いのですが，日本列島では，中流も含めた３流域の明確な区分は難しいと言えるでしょう。

河川の侵食作用による自然景観

下方侵食とＶ字谷

　河川の侵食作用には側方侵食と下方侵食があります。河川の上流域，つまり山間部では勾配の大きさから侵食作用が強くなり，谷底を削る下方侵食が著しくなります。

　日本列島の山間部には，美しい峡谷が存在します。ここでは河川の下方侵食によるＶ字谷が見られます。これは，山間部を流れる河川の横断面がアルファベットの「V」字を呈しているところから名づけられました（**図 3.3.1**）。

　隆起が著しくなるなど，土地の相対的上昇が続くと下方侵食が一層進み，岩盤が固いと，さらに深い渓谷となります。

　なお，氷河の比較的緩やかな移動によって，下方および周辺の侵食作用が強く働き，谷底は深く広く削り込まれます。その結果，Ｕ字谷と呼ばれる景観ができます。先述の日本アルプス（飛騨山脈，木曽山脈，赤石山脈）では，その景観が見られます。逆に，更新世の氷河がつくった氷河地形の跡が残っている

図3.3.1 峡谷の景観（北海道・定山渓）

のは日本アルプスと日高山脈くらいしかありません。

　沖積平野や盆地など，傾斜が緩やかになると側方侵食が著しくなり，蛇行河川となります。

さまざまな滝の形成

　河川の流れる基盤の岩石に固さの差があると滝が生じます。滝とは流水が急激に落下する場所を言いますが，特に高さが定義されているわけではありません。ただ，国土地理院によると普通は高さが5m以上のものを呼び，地形図には有名な滝や好目標となる滝を表示することになっています。

　流域の岩体によって，さまざまな種類の滝が見られます。それらのでき方を全て紹介することはできませんが，代表的な滝のでき方について簡単に示します（図3.3.2）。

　まず，固い地層と柔らかい地層が重なっている場合，柔らかい地層が削られて，滝ができます。その場合も固い地層と柔らかい地層の重なりが，水平な場合と水平面に対して垂直な場合とがあります。溶岩が流出してできた火山岩は固い岩体となることが普通です。また，滝は逆断層によって段差が生じた場合や土地が相対的に上昇した場合に形成されます。

　「日本の滝百選」から，いくつかの滝を紹介しましょう。日本の滝百選は1990年に当時の環境庁や林野庁の後援のもと，最終的に100の滝が選ばれま

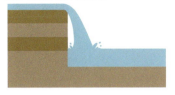

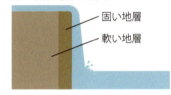

図 3.3.2 滝のでき方の例

図 3.3.3 代表的な滝の例（新潟県・惣滝（左），大分県・原尻の滝（右））

した。

　図 3.3.3 は新潟県の「惣滝」と大分県の「原尻の滝」です。惣滝は妙高山の安山岩の切り立った崖，約 80 m を流れています。「惣滝」は妙高戸隠連山国立公園の中に位置しています。一方，原尻の滝は高さは約 20 m ですが，幅は 120 m あり，「東洋のナイアガラ」と呼ばれることがあります。岩体は溶結凝灰岩からできており，おおいた豊後大野ジオパークの代表的な自然景観と言えるでしょう。

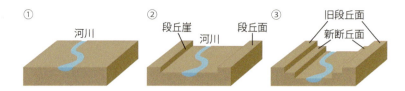

図 3.3.4 河岸段丘のでき方

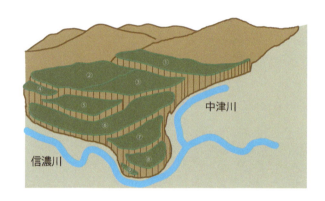

図 3.3.5 津南市・河岸段丘

段丘面の形成

　相対的な土地の上昇が見られる場所では，河岸段丘が形成されます。相対的な土地の上昇とは，地殻変動による土地の隆起と気候変動による水面の低下を意味します。第四紀の時代は著しい地殻変動と同時に氷期と間氷期の繰り返し（海進・海退）がありました。つまり，相対的な土地の上昇と下降によって，段丘堆積面が形成される時期と侵食作用が進む時期が交互に訪れたために何段もの段丘面が形成されたのです。

　河岸段丘では，**図 3.3.4** で示したように，高い位置にある段丘面が低い位置にある段丘面よりも古い時代にできたことがわかります。

　日本で最大規模と言われる 9 つの段丘面を持つ河岸段丘（新潟県津南市）は苗場山麓ジオパークのジオサイトを構成しています。苗場山は約 30 万年前に形成された成層火山であり，信濃川の侵食作用と苗場山麓の約 40 万年間の隆起によって，この景観が生まれました（**図 3.3.5**）。

図 3.3.6　ヒスイの巨礫も見られる峡谷（糸魚川世界ジオパーク）

運搬作用による景観の形成

　河川の働きの中には運搬作用があります。当然ながら急な河川勾配を持つほうが，巨礫を運搬する力が大きくなります。ただ，峡谷のある上流でも平坦部分があり，河川の流速が衰えると，そこに巨礫が残ります。図 3.3.6 は糸魚川世界ジオパークを構成するジオサイトの一つである小滝川峡谷です。ここではヒスイ原石の転石も多く，ヒスイ峡とも呼ばれます。

　なお，モレーン（氷堆石）と呼ばれる，氷河が谷を削りながら流れる時に削り取られた岩石・岩屑や土砂などが土手のように堆積した地形が見られます。図 3.3.7 はアメリカのラッセン国立公園周辺のモレーンです。なお，モレーンは氷河で運搬された堆積物を指すこともあります。

　河川は水だけでなく，土砂，礫も運搬します。豪雨時は堆積物の中に大きな礫を含むことがあり，これによって甚大な土石流災害が発生します。そこで砂防ダムがつくられますが，砂防ダムに土砂が堆積すると，役割が十分果たせなくなり，さらに上流部に砂防ダムが建設されます。これが繰り返され，一つの河川に複数の砂防ダムがあるという光景が見られます。

図 3.3.7　モレーン（アメリカ・ラッセン国立公園）

堆積作用による景観

　河川のもう一つの主な働きとして，堆積作用があります。傾斜が緩やかになると，運搬してきた土砂を堆積する働きが強くなります。盆地や平野は主にその作用によって形成されます。

　河川が山地から平野や盆地に至る所などには扇状地と呼ばれる地形が発達します。扇状地とは文字通り，図 3.3.8 のように土砂などが山側を頂点として扇状に堆積した地形のことです。

　この地形は水田には適さないのですが，水はけがよく，ブドウなどの果物の産地となります。

　下流部の海近くの傾斜が緩やかなところに河川が到達すると，流路は何本かに分かれることがあります。そこに発達するのが，三角州（デルタ地形，ギリシャ語の Δ が由来）と呼ばれる地形です。世界遺産にもなった山口県・萩市は三角州が発達した場所に築かれた町です（図 3.3.9）。

　沖積平野は日本の大都会が集中するところです。沖積平野のかつての河川流路，湿地帯の変遷は遺跡の発掘で復元することができます。大阪平野に位置する久宝寺遺跡の旧大和川跡には弥生時代の土器が含まれており，土器は示準化石のような役割を果たします。

　扇状地ができるのは陸地だけとは限りません。大陸斜面から海洋底に下る場

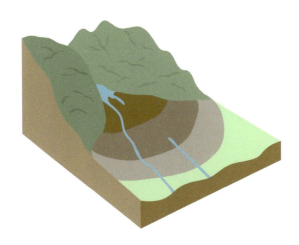

図 3.3.8 扇状地

図 3.3.9 三角州に築かれた萩の街並み（山口県）

所では，海の中に海底扇状地と呼ばれる地形が広がります．大雨や洪水が起こると，海の中にタービダイト（turbidite）と呼ばれる懸濁流が発生して，海底堆積物が形成されることもあります（**図 3.3.10**）．

図 3.3.10 海底でのタービダイトのでき方

動的な湖の形成

　日本では河川以外にも陸地の中に多くの水域があります。湖や潟，さらには池や沼などの湿地帯も見られます。これらは植生や生態系と調和し，鮮やかな景観を保っています。

　日本列島には多数の湖が存在し，観光地となっているところも多くあります。

日本最大・最古の湖「琵琶湖」

　琵琶湖は，約 400 万年前（新生代第三紀の終わり）にでき，日本で最も古く，最も広い湖です。日本だけでなく，世界の湖の中でも，バイカル湖（ロシア），タンガニーカ湖（タンザニア）に次ぐ古代湖であると考えられています。もともとは三重県伊賀市で誕生しましたが，第四紀更新世の間に北へ移動し，現在の場所に位置しています。

　琵琶湖は，湖岸線が楽器の琵琶のような形をしているところから名付けられ，早い段階で国定公園に認定されました。琵琶湖は琵琶湖大橋をはさんで，北湖と南湖に分かれます。古くから琵琶湖の景観は，「近江八景」として有名でしたが，近年では「琵琶湖八景」が設定されています。

火山噴火と湖の形成

　日本の湖の特色を考えてみましょう。観光地として有名な湖には火山活動と関係している場合もあります。つまり、噴火口やカルデラに水が溜まって湖となったもの、また、流れ出た溶岩によって、河川が堰き止められ、湖ができた場合もあります。それらの例を少し紹介しましょう。

磐梯山の噴火と檜原湖

　1888年に磐梯山が噴火した時に檜原湖（図 3.3.11 左）や五色沼は誕生しました。また、この時の噴火によって生じた山体崩壊は今も裏磐梯から見ることができます。磐梯山は古くから国立公園として有名でしたが、最近ではジオパークとしても観光客を集めています。

北海道の火山と湖

　北海道には多様な自然景観があり、近年、海外からも多くの観光客が訪れています。魅力の一つに国立公園や国定公園に属する著名な湖が多いことが挙げられます。阿寒湖や摩周湖だけでなく、洞爺湖や支笏湖も人気があります。これらは、周辺の火山活動に関連します。

　例えば、洞爺湖サミットで国際的にも有名になった洞爺湖（国立公園、世界ジオパークにも認定されています）は、蝦夷富士と呼ばれる成層火山の羊蹄山の火山活動と大きく関連します。図 3.3.11 は洞爺湖と羊蹄山の遠景を示したものです。

図 3.3.11　檜原湖（左）、洞爺湖と羊蹄山（右）

117

図 3.3.12　クレーターレーク

　なお，カルデラ湖のように火山活動に関連して湖が形成されるのは，海外の湖にも見られます。アメリカの太平洋側の火山帯に存在するクレーターレークはその典型的な例です（図 3.3.12）。

汽水湖と潟

　汽水湖についても説明しましょう。海水が流れ込み，多少の塩分を含む湖沼を汽水湖と呼びます。淡水湖との区別は塩分量でなされ，1 L 中に 0.5 g 以上の塩分を含むものを汽水湖と言います。比重の関係から塩分を含む海水は湖底，表層は淡水にと分かれ，表層の循環に比べ深部の循環は少なくなります。

　汽水湖として有名なものに浜松湖（静岡県），宍道湖（島根県），三方五湖（福井県）などが挙げられます（図 3.3.13）。生物の生育環境に適することも多く，うなぎやしじみの養殖でも有名です。

　水域の自然景観として独特な植生や生態系を持つ潟を無視することができません。潟（ラグーン，lagoon）とは，砂州によって外海から隔離された海岸の湖のことです。一般的に潟は浅く，海と通じる幅が狭いほど含まれる塩分量も減少します。その後，土砂の堆積によって，より浅くなり，淡水化して湿地となります。さらに堆積が進むと最終的には海岸平野の一部を形成します。有名な新潟県の福島潟（図 3.3.14）には，潟や周辺の水域を観察できるように「ビュー福島潟」が設置されています。なお，干潟とは，細かい砂や泥がある程度の面積で堆積した潮間帯のことを呼びます。環境省の定義では「干潮時に幅 100 m 以上，その面積が 1 ha 以上，移動しやすい基底（砂，礫，砂泥，泥）を満たしたもの」としています。

図 3.3.13　汽水湖の例（福井県・三方五湖）　　図 3.3.14　新潟県・福島潟

植生豊かな沼や池，湿地帯

　湖よりも面積の小さな水域には，沼や池があります。明確な区別はされていませんが，水深5m以下の場合，池と呼ばれています。また，池には人工的なものも含まれます。日本各地にはさまざまな沼や池さらには湿地帯が存在し，豊富な生態系を観察することができます。

　尾瀬国立公園では，火山活動と関連して，尾瀬沼の美しい湿地帯がひろがっています（図 3.3.15）。具体的には，東北地方最高峰（2356 m）の燧ヶ岳の約8000年前の山体崩壊によって尾瀬沼が形成され，日本でも有数の高地にある湖の一つです。周囲には小沼や多数の湿原も見られます。

　他にも日本各地には沼と呼ばれる水域が存在します。大沼国定公園（北海道）には，大沼，小沼，蓴菜沼がありますが，これらも，駒ヶ岳の噴火によってできたものです。1640（寛永17）年の噴火時，火山体の一部が崩壊し，それが堆積物（岩屑なだれ堆積物）として，大小さまざまな丘が散在する「流れ山」地形を形成しました。この岩屑なだれが河川を堰き止めたりして上の3つの沼ができました。大沼や小沼の湖中に点在する大小の島々も，数度の噴火時の岩屑なだれがつくった流れ山です（図 3.3.16）。尾瀬沼も大沼もラムサール条約湿地となっています。

図 3.3.15 尾瀬沼

図 3.3.16 駒ヶ岳と流れ山が島となって点在する大沼

column　ラムサール条約と湿地帯の保全

　ラムサール条約は国際会議で採択された，湿地に関する条約です。正式名称は，「特に水鳥の生息地として国際的に重要な湿地に関する条約」ですが，開催された都市名（イラン・ラムサール）から，一般に「ラムサール条約」と呼ばれています。1971年2月2日に採択されました。

　この条約では，国際的に重要な湿地およびそこに生息・生育する動植物の保全を促進することを目的としています。そのため各締約国がその領域内にある国際的に重要な湿地を1カ所以上指定し，条約事務局に登録するとともに，湿地の保全および賢明な利用促進のためにとるべき措置について規定しています。

　日本のラムサール条約湿地は50カ所あり，その一つが新潟県の瓢湖です（**図3.3.17**）。

図 3.3.17　新潟県・瓢湖

3.4 島の魅力

　島は海によって他の文化圏と隔離された空間です。そのため，独特の文化も形成されてきました。第1章で見てきたように日本列島そのものが独特の空間と言えるでしょう。

　世界には複数の島からなる国がいくつも存在します。日本もそのような多島海（たとう）の国家であり，日本全体では大小合わせて6852個の島で構成された典型的な島国です。

多島海の魅力

　日本列島周辺には，多くの島が点在する多島海が存在します。土地が相対的に下降（例えば，温暖化による海面の上昇なども含まれます）するなどして，海水が陸地に浸入してできた複雑な海岸地形を沈水海岸と呼びます。この沈水海岸において，さらに相対的に海面が上昇すると，かつての陸地の山々の頂上部分付近だけが海面に現れ，多くの島ができます。多島海は，このようにして多数の島々ができた海域です。ギリシャのエーゲ海をはじめとして，地球上には各地で多島海が存在します。

　島を多く持っている都道府県を一覧にして，10位までを挙げてみましょう（**表3.4.1**）。この表の中に示された宮城県の松島湾，長崎県の九十九島（くじゅうくしま），広島県や愛媛県の芸予諸島だけでなく，三重県志摩市の英虞湾（あごわん）（伊勢志摩国立公園）などは，多島海の美しさを特色とした観光地にもなっています。つまり，多島海は多くの国立公園の魅力的な景観と言えるでしょう。

　宮城県松島湾は前章までに紹介しました天の橋立，安芸の宮島とともに日本三景の一つであり，地質的には新第三紀中新世の浅海成と陸成の堆積物が主体です。基盤は中生代三畳紀の地層ですが，島の地質としては，新第三紀および第四紀の地層が見られます。新第三紀の地質は砂岩，シルト岩，凝灰岩，および堆積岩の互層からなり，この上位に第四紀の粘土，砂，砂礫が発達しています。

122　第3章　多様な自然景観の形成とそのプロセス

表 3.4.1 島を多く持つ都道府県の一覧

順位	都道府県	島の数	多島海を含んだ自然公園等
1	長崎	971	西海国立公園
2	鹿児島	605	雲仙天草国立公園，甑島国定公園
3	北海道	508	
4	島根	369	大山隠岐国立公園
5	沖縄	363	慶良間諸島国立公園
6	東京	330	小笠原国立公園
7	宮城	311	南三陸金華山国定公園，県立自然公園松島
8	岩手	286	三陸復興国立公園
9	愛媛	270	瀬戸内海国立公園，足摺宇和海国立公園
10	和歌山	253	吉野熊野国立公園

日本列島のさまざまな島

　ここでは，日本列島を構成する上の 4 つの島以外の島々に焦点を当てていきましょう。景観に特色がある島々を少し紹介します。ただ，紙面の関係で一部の島しか紹介できないことを断っておきます。

佐渡

　トキの放鳥で有名な日本海に立地する佐渡は新生代の日本列島の成立と大きな関係があり，火山活動が活発な時代に基盤が形成されました。そのため，全島のいたるところで，流紋岩，安山岩，玄武岩などの火山岩を観察することができます。佐渡金銀山，小木海岸周辺の安山岩や玄武岩については，別の節でも紹介していますが，流紋岩についても少し見ていきましょう。

　流紋岩は，火山岩の中でも SiO_2 分が多く，白っぽい岩石です。また，他の火山岩と同じように緻密で固いため，佐渡の尖閣湾ではほぼ垂直な海食崖としての岸壁を呈します（**図 3.4.1**）。佐渡は古くから国定公園であり，最近では佐渡ジオパークとしても注目を集めています。

図 3.4.1　流紋岩の岸壁（佐渡・尖閣湾）　図 3.4.2　隠岐の海岸

隠岐

　日本海成立とかかわって島根県の隠岐の島も火山岩を中心とした島です。隠岐は3つの島からなる島前と，一つの島からなる島後に大きく分かれます。島前は約600万年前の新第三紀中新世の火山活動によってできました。島後も基本的には島前と同じ時代の火山岩からなりますが，古生代終わりの片麻岩など，より多種の岩石からなります。また，隠岐の島では良質の黒曜石が産出し，この黒曜石は古代から対岸の出雲をはじめ，列島各地に広がっています。

　さらに，侵食に強い火山岩は日本海の荒波によってさまざまな景観を呈し，自然の彫刻とも言える芸術作品となっています（図 3.4.2）。現在，隠岐は世界ジオパークとしても知られていますが，大山隠岐国立公園にも属しています。

伊豆諸島

　伊豆諸島は，伊豆半島の南東方向，伊豆大島から孀婦岩までの間にある100余りの島嶼の総称です。青ヶ島以北の9島にしか人は住んでいません。伊豆大島，三宅島などは，現在も火山活動が著しい地域です。その理由は，以前に紹介した通り，太平洋プレートがフィリピン海プレートに潜り込むことと関連しています。それに並行して，伊豆・小笠原海嶺の上に火山帯が立地します。

　前章では，1986年に噴火した伊豆大島三原山を取り上げましたが，三宅島も近年では，1983年，2000年に噴火しています。三原山から流れだした溶岩は海岸部まで達して固結しました。

　なお，伊豆大島や三宅島など，伊豆諸島の八丈島以北の島々が富士箱根伊豆国立公園に属しています。

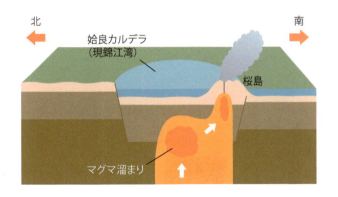

図 3.4.3 噴火前後の桜島

桜島

　フィリピン海プレートがユーラシアプレートに沈み込んでいるところに存在するのが，九州およびその南の島です。桜島はかつて，その名の通り「島」でしたが，1911 年の桜島噴火時に，流れた溶岩によって大隅半島と陸続きになってしまいました。

　現在の錦江湾は，約 3 万年前の姶良大噴火で形成された姶良カルデラがもとになっており，桜島火山は姶良カルデラの南縁付近に位置しています（図 3.4.3）。その後，約 2.6 万年前に桜島火山が誕生しました。

瀬戸内海の島々

　瀬戸内海最大の島として，淡路島が挙げられます。阪神淡路大震災で地表面に出現した野島断層は衝撃を与えましたが，野島断層は六甲断層帯から，有馬・高槻断層帯，そして花折断層帯と続く，近畿トライアングルの 1 辺です。野島断層の出現は，ほぼ直角方向に働く太平洋プレートとユーラシアプレートの間の力の方向と無関係ではありません。

　淡路島は本州と世界最大の吊り橋・明石海峡大橋で結ばれ，四国とは鳴門大橋で結ばれています。鳴門大橋は鳴門海峡を通りますが，ここでは渦潮を無視できません（図 3.4.4）。今，地元では，この「うずしお」を世界遺産（自然）に登録することを計画しています。うずしおの発生メカニズムを次の図 3.4.5 に示します。

　瀬戸内海で淡路島の次に広い島が小豆島です。瀬戸内海国立公園に属する小

図 3.4.4 鳴門大橋とうずしお

図 3.4.5 うずしお発生のメカニズム

豆島は狭い面積にもかかわらず，さまざまな地形，地質が広がります。大坂城の石垣にも使われた中生代白亜紀後期（約 8000 万年前）の花こう岩を基盤としています（**図 3.4.6**）。その上に，新生代中新世（約 1300 万年前）に噴出した瀬戸内火山岩類が堆積しました。日本三大渓谷美（日本三大奇勝）の一つとも評価される寒霞渓は，その後の侵食，風化を受けて形づくられたものです（な

図 3.4.6 小豆島の花こう岩

お,あとの二つは大分県・耶馬渓,群馬県・妙義山です)。

　小豆島が注目されたのは,瀬戸内式気候に適応したオリーブの生産とともに,映画のロケ地としてです。「二十四の瞳」の作者壺井栄の故郷ということもあり,海岸の花こう岩類の背後に「岬の分教場」として復元されています。

図 3.4.7 南西諸島(左),西表島の琉球石灰岩の景観(右)

石灰岩からなる島々

　一方，沖縄など南西諸島周辺の岩石では第四紀更新世のサンゴ礁から形成された石灰岩も目に付きます。これらは琉球石灰岩と称されており，北は鹿児島県吐噶喇列島の宝島から南は台湾までに広がっています。図 3.4.7 は石垣島の琉球石灰岩の景観です。そして，家屋の石垣にもこの琉球石灰岩が使われています。

新たに注目される島…徳之島の海岸地形

　鹿児島県の徳之島西部から南部にかけて，石灰岩と礫や砂からなる第四紀更新世の琉球層群が厚く分布します。石灰岩の部分は切り立った海食崖さらには海食洞を形成し，特に西部の犬の門蓋では，図 3.4.8（左）のような景観をつくっています。また，この近くでは，下部の石灰岩が侵食されたことによって，礫岩のみが残り，きのこ岩と呼ばれる興味深い景観となります。

　同時に花こう岩も広がっており，同島の海岸部で見られる石灰岩，また玄武岩などの火山岩とは異なった海岸地形となっています。北端部の景勝地ムシロ瀬は新生代古第三紀暁新世（約 6000 万年前）の花こう岩からできています。この景観を図 3.4.8（右）に示します。

　徳之島のように比較的狭い島でも基盤となる岩石の違いによって，海岸の景観に特徴が生じます。

図 3.4.8　徳之島の岩石の違いによる景観の多様性

人が生活する淡水湖の島

　日本に限らず，人が生活するのは，海に存在する島がほとんどですが，まれに淡水湖の中の島に人が住む場合があります。そのような島は世界に 3 つくら

図 3.4.9　琵琶湖の島（左），沖の白石（右）

いしかありませんが，その一つが琵琶湖の中に位置する沖島です。

　地質は，ほぼ稜線を境に南側が中生代～新生代古第三紀の湖東流紋岩からなり，北側が，それを貫く花こう閃緑斑岩からできています。近江八幡市周辺の地質は一般的には，湖東流紋岩に属していますが，島南部では沖島溶結凝灰岩と呼ばれています。

　琵琶湖には他にも柱状節理の発達した花こう岩体の竹島（多景島）があります。また，湖東流紋岩からなる沖ノ白石も有名ですが，湖底からの高さを考えると岩礁と言えるでしょう（図 3.4.9）。淡水湖にも意外と多くの島が見られます。

　さらに琵琶湖西岸周辺の山々には，比叡山および比良山系が連なっています。これらは，中生代の終わりに形成された花こう岩の存在とともに琵琶湖西岸断層帯および花折断層による地殻変動とも関係しています。琵琶湖の東側には古生層の石灰岩からなる伊吹山も見られ，冬季には北西のモンスーンの影響を受け，豪雪地帯となります。また，その南には中古生層の山々や丘陵地があり，そこに国宝・彦根城が築かれているのが湖上から遠望できます。

世界自然遺産への新たな登録

　西表島と徳之島は，奄美大島や沖縄島北部とともに，2021 年 7 月に世界自然遺産に登録されました。これらの島々の地形や地質，生態系，絶滅のおそれのある動植物の生息・生育地などが，国際的に高く評価されたからでしょう。

column 様々な自然の営力と景観の形成

　観光地の興味深い自然景観は，様々な時代につくられた岩石が，その後も引き続き複雑な自然の営力を受け，形成されたものです。

　地球規模の気候変動によって壮大な光景が展望される場合もあります。リアス式海岸として急峻な山から海への地形を紹介し（p.99），多島海としての三重県志摩市についても触れました（p.122）。この地域では約60の小島と複雑な半島を一望することができます。地質は基本的には中生代の堆積岩ですが，地形としては最終氷期以降に海面が上昇したことによってつくられました。豊かな里山（里海）の生態系の基盤となっています。

複雑な地形の英虞湾の景観

　地下のマグマが噴出したり，地下で留まったりした火成岩が侵食されてつくられた景観も各地に見られます。例えば，「橋杭岩」と呼ばれる直線的な岩石の並び方は橋脚のようです（和歌山県）。これは新生代新第三紀（約1500〜1400万年前）に地下から上昇したマグマが，その前に海底に堆積した熊野層群と呼ばれる地層に貫入した流紋岩の岩脈の一部です。熊野層群は侵食され，固い流紋岩がこのような形で残ったものです。

「橋杭岩」をつくる岩脈

火山角礫岩によるゴジラ岩

　新生代古第三紀（3000万年前）に生じた火山の噴火による火山礫凝灰岩が，その後の侵食・風化作用を受けて奇岩をつくることがあります。図のようなゴジラ岩（秋田県・男鹿半島）と呼ばれる岩体がその例でしょう。橋杭岩もゴジラ岩もジオパーク（p.34）の景観を構成しています。

An Illustrated Guide to
Terrain, Geology, and Rocks of the Japanese Islands

第 4 章

人間と岩石・地質

大阪城の石垣

4.1 日本の地下資源

日本のエネルギー自給率

　科学技術が進むほど，自然界のさまざまな鉱物資源が必要となります。また，時代によって，それまで重視されなかった資源の価値が高まることもあります。希少金属（レアメタル）はその例でしょう。これまで稼行対象とならなかった地域にも目が向けられ，例えば，深海底も未知の埋蔵資源への開発領域として大きな期待が持たれています。

　どのような資源を得るため，いかなる科学技術の発達を望むのかは，社会や時代のニーズによっても異なります。地球上に残っている主なエネルギー資源の推定埋蔵量を図 4.1.1 に示します。

　既存の地下資源，例えば石油については，1970年代の終わりから，あと40年で枯渇すると言われてきました。しかし，現在も同じことが言われています。これは，新しく油田が発見されたことが理由の一つですが，同時に，存在がわかっていても採掘が困難であったり，含有量が少なく抽出が難しかったりなどの理由で稼行対象とならなかった埋蔵資源が，技術革新により採算に合うよう

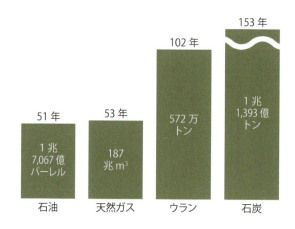

図 4.1.1　エネルギー資源の推定埋蔵量

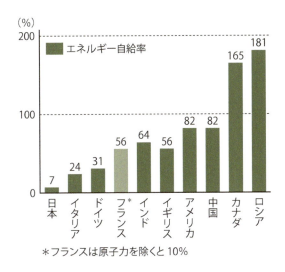

*フランスは原子力を除くと10%

図 4.1.2 日本を含めた主要国のエネルギー資源の自給率

になったことにもよります。つまり、採掘、精錬など関連した科学技術の向上が、地下資源の新規獲得に影響を与えています。近年ではオイルサンドやオイルシェール（石油を含んだ砂岩や頁岩）などから石油を抽出する技術も進んできました。

図 4.1.2 に日本のエネルギー自給率を他の主要国と共に示します。図 4.1.2 では原子力を省いています（フランスを除く）。原子力を加えると図のようにフランスの自給率は上がります。

改めて日本のエネルギー自給率の低いことに愕然とします。では、日本ではエネルギーを何から得ているのでしょうか。現在の日本のエネルギー資源の内訳を図 4.1.3 から考えてみましょう。この図は福島第一原子力発電所事故が生じた 2011 年前後の状況を示しています。

福島第一原子力発電所事故後、国内の原子力発電所の稼働が一時停止し、その影響が図 4.1.3 に現れています。近年では再び石油、石炭、天然ガスなどの化石燃料がエネルギー量を補うようになっています。これらは大部分が海外からの輸入によるため、エネルギー自給率はより下がっています。

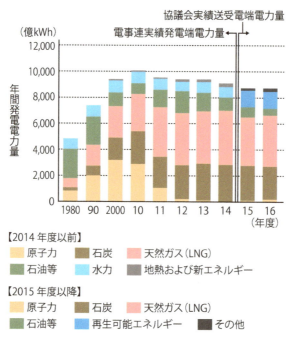

図 4.1.3 電力量をもとにした日本のエネルギー資源の内訳（電気事業連合会による）

新たに注目される石炭

　日本では化石燃料は産出しないのでしょうか。そうではなく，1952年には国内の炭鉱は1000を超えていました。現在では，露天掘りの炭鉱が北海道内に数カ所存在しますが，坑内採掘を行っているのは釧路コールマイン（元・太平洋炭鉱，北海道釧路市）だけです。

　2015年に「明治日本の産業革命遺産　製鉄・製鋼，造船，石炭産業」がユネスコの世界遺産に登録されました。北は岩手県から南は鹿児島県までの8県11市に所在する23資産が，幕末期の西洋技術の導入，その後の国家主導で進めた重工業分野（製鉄・製鋼，造船，石炭産業）の近代工業化の過程を示す資産として評価されました。この中で，石炭産業に関するものとして，三池炭鉱と三池港（福岡県，4施設），高島炭坑（長崎県），端島炭坑（軍艦島，長崎県）の6施設が含まれています。

図 4.1.4 ジオパークの中に保存されている炭鉱設備（三笠ジオパーク）

　このように，日本でも以前には多量の石炭が産出していました。第2章でも紹介しましたが，北海道や九州だけでなく，中国地方，関東地方，東北地方など，全国にその跡が見られます。国内に存在したほとんどの炭鉱は閉山されていますが，図 4.1.4 のように一部がジオパークの一環として保存され，観光用に整備されているところもあります。

　そもそも石炭とはなんでしょうか。石炭は，数千万年前から数億年前に，湖底などに堆積した植物に含まれる炭素が地熱や圧力によって濃集したものです。実は，日本と海外の石炭には違いがあります。まず，石炭のもととなる植物およびその生存時代が異なります。世界的には石炭は古生代終わりの文字通り「石炭紀」（3億6700万年前から2億8900万年前まで）のシダ植物が中心です。日本では新生代の「古第三紀」（約6600万年前〜2400万年前）の被子植物がもとになっています。

　かつて日本のエネルギー政策では，石炭の「2000万トン」採掘量維持が至上命令でした（1980年代）。そのため，地下800m以深など，深いところまで採掘していた時期もありました。しかし，採掘技術にも限界があり，現在では多くの炭鉱は閉山されています。図 4.1.5（左）は1980年代の稼行中の炭鉱の様子です。

　化石燃料は，多量のCO_2を排出し，地球温暖化が進むとの懸念から原子力発電がクリーンエネルギーと考えられた時期もありました。特に石炭は硫黄酸化物などの有害物質の排出，さらには，輸送に時間と費用がかかるという欠点が指摘されています。しかし，最近では，有害排出物の除去や石炭を粉砕してエネルギー効率を上げるなどの技術開発が進んでいます。東日本大震災発生後，

図 4.1.5 1980年代の北海道の炭鉱（左）と東京電力広野発電所（右）

原子力発電所停止に伴って，火力発電，石炭すら再び注目されています。例えば福島県に立地する東京電力広野発電所はその例です（**図 4.1.5**（右））。

石油の産出と形成

次に日本列島の石油の産出地の分布を見ていきましょう（**図 4.1.6**）。日本の油田は，秋田県から新潟県にかけての日本海側に集中しています。それ以外では，現在，北海道（勇払平野）などで原油が採掘され，青森県にも原油湧出地区があるくらいです。石油生産量は，2016年で55万kLであり，国内消費量全体に占める比率は 0.13% に過ぎません。

県別では新潟県の産出量が最も大きくなっています。新潟県内は，出雲崎や新津などで，石油の産出に関する博物館，記念館も存在します。

石油がどのようにして生成し，また，どのような方法で探し，採掘するのかを**図 4.1.7** を用いて少し紹介します。

まず，海底にプランクトンの死骸がたまります。その上に砂や泥がたまり，長い年月の間に，熱やバクテリアの働きで石油になります。

そのため石油は海底に存在することが多く，まず，地形から捉え，例えば，海底のキャップロック（油層を覆っている岩石）ができやすい背斜地形を探します。その後，ボーリング調査を行うなど，最新の科学技術が必要になりますが，掘削しないとわからないこともあり，運も必要になります。

これまでの努力にもかかわらず，日本国内での石油・石炭の枯渇は急激に進んでいきました。そのため，海外からの輸入に頼らざるを得ないのが実情です

図 4.1.6 日本列島の石油産出地域

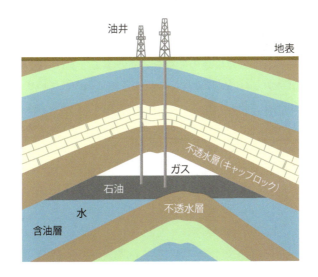

図 4.1.7 石油の生成

が，地球上での化石燃料には限りがあります。ウランの埋蔵量も無限ではありません。

近年では，持続可能な社会を目指すことがうたわれ，ESD（Education for Sustainable Development, 持続可能な開発のための教育）やSDGs（Sustainable

Development Goals，持続可能な開発目標）などの言葉も聞かれるようになってきました。しかし，エネルギー資源が厳しい状況であることは変わりません。

一方で，科学技術の発達というハード面だけでなく，先述のESDやSDGsの観点からの教育や啓発などのソフト面も重要です。これは，科学技術の二面性，つまり，恩恵とは逆の事故災害についての対策も求められます。

日本列島の地下資源

日本は鉱物資源のない国と言われることもありますが，そうでしょうか。火成活動の影響もあり，面積のわりには産出する鉱物資源の量は多く，種類も豊富でした。産出する以上に使用量が大きかった，とも言えるでしょう。図4.1.8に日本に存在する（存在した）金属鉱山の分布を示します。

火成活動に伴って金属鉱床が形成される場所を種類も含めて図4.1.9に示します。地下深部のマグマから形成される鉱床には，正マグマ鉱床，熱水性鉱

図4.1.8　日本の代表的な金属鉱山

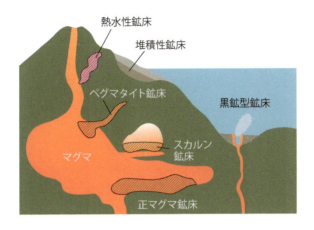

図 4.1.9 火成活動に関連した鉱床の成因と種類

床，ペグマタイト鉱床，スカルン鉱床などがあります。スカルン鉱床など，マグマの貫入などの熱変成によって元の鉱物が変化したのが接触交代鉱床です。

一方で，金の産出には河川などで堆積する漂砂鉱床（堆積性鉱床）と呼ばれる形態をとることもあります。

世界に誇る産出量の金銀銅山

注目したいのは金銀の産出量の多い鉱山の存在です。累計産金量が 236 トン（2018 年 3 月末）と歴史的に有名な佐渡金銀山よりも多く，年間国内産金量の大部分を占めるのが，鹿児島県串木野市の菱刈鉱山です（佐渡金山は累計産金量 83 トン）。菱刈鉱山は，第四紀更新世に形成された熱水性の鉱脈鉱床です。つまり，新第三紀の日本海形成に伴う火成活動に関連してできた佐渡金山と比べてより新しい時代に形成されたことがわかります。なお，佐渡ジオパークで坑道が見学できる佐渡金山とは違い，菱刈鉱山は採掘中のため一般には公開されていません。

見学可能な金鉱山として，伊豆半島に位置する土肥金山（静岡県）もあります。現在は閉山されていますが，これまでの産出量は，金 40 トン，銀 400 トンと推定されています。新生代新第三紀中新世〜更新世に形成された熱水性鉱床です。

日本では，金山だけでなく，銀山も規模の大きい鉱床が見られます。例えば，島根県の石見銀山はアジアへの貢献の大きさから世界遺産にも登録されています。石見銀山は西部の銅および銀を含む鉱床と東部の銀を主とする鉱床に分けられます。鉱床は新生代第四紀完新世（約180万年前）に石英安山岩（安山岩と流紋岩の中間組成の火山岩）の貫入に伴う熱水によって形成されたと考えられています。

---

column 黄金の国・ジパング

　日本で多くの金が産出することは世界にも昔から知られていました。江戸時代の佐渡金山の産出量は世界でもトップレベルであり，また，明治になってからも諸外国から日本の金銀が求められました。

　中世にマルコポーロが「東方見聞録」を著し，この中で日本を「黄金の国・ジパング」と紹介したために，ヨーロッパでも関心を高めました。このことが大航海時代に一役を買ったとも言われています。ただ，この当時の日本の金は佐渡金山でなく，東北地方の砂金鉱床のことを指しています。実際，奈良時代から，北上高地で砂金鉱床が発見され，最大の金産出地が平泉の東方に位置する三陸沿岸の漂砂鉱床と言われています。岩手県・平泉では，金を資本とした文化が栄え，世界遺産にも認定されています。その後の足利義満の金閣寺は国際的にも有名です。

生野銀山（兵庫県）も有名です。後期白亜紀の火成岩類は，地表の多くの地域を占めて分布しており，生野鉱山の鉱床の生成もこの火成岩類の活動と関係しています。

日本特有の黒鉱鉱床

　東北地方には新第三紀中新世（約1500万年前）の海底火山活動で形成された黒鉱と呼ばれる，高品位の鉱体が存在します。かつて日本の銅，鉛，亜鉛の約半分は黒鉱鉱床から生産されました。黒鉱鉱床は，海底火山活動に伴う熱水溶液から硫化鉱物が形成されて，海底に沈殿したと考えられています。北海道や東北地方，山陰地方以外にも伊豆半島から新潟県西部までの緑色凝灰岩（グリーンタフ）地域に産出し，その大部分は秋田県の小坂鉱山，花岡鉱山，釈迦

図 4.1.10 黒鉱鉱床の分布

内鉱山などから採掘されました（図 4.1.10）。国際的にも熱水堆積鉱床が分類されて以来，それらは黒鉱型鉱床 kuroko-type deposit と日本名を入れて呼ばれています。

　現在では，黒鉱鉱山は全て閉山していますが，小坂鉱山事務所は，明治の近代化産業遺産として国の重要文化財に指定されています。ジオパークでもその時の様子を垣間見ることができます。例えば，ゆざわジオパーク（秋田県）のジオサイトの一つにかつての黒鉱鉱山跡があります。

日本の非金属鉱床

　鉱山と言えば金・銀・銅・鉛・亜鉛などの金属鉱山を考える人が多いかもしれませんが，非金属鉱山もあります。日本では先ほど紹介した炭鉱以外にも多くの非金属鉱床が存在し，その一つに石灰岩の鉱山が挙げられます。

　石灰岩は，日本で自給できる数少ない天然資源です。石灰岩の形成には，化

図 4.1.11　石灰岩の採掘現場と運搬用トラック

学的な沈殿作用によるものと石灰分を多く含んだ生物化石（サンゴや紡錘虫など）の堆積によるものがあります。いずれも炭酸カルシウム（$CaCO_3$）からなります。

図 4.1.11 は新潟県糸魚川市の石灰岩の採掘現場です。また，鉱山内の運搬用のトラックも示しておきます。このトラックの大きさからも鉱山で採掘される石灰岩の規模が想像できます。

粘土鉱物と焼き物

　日本美術の代表的なものに陶器と磁器があります。陶器の主な原材料は陶土と呼ばれる粘土です。陶器の起源は縄文土器が始まりと言われています。磁器は長石を主成分とする磁土が主な材料です。

　粘土として，日本では木節粘土，蛙目粘土，カオリンやセリサイトを主体とする原料が使われます。粘土を使った付帯的な陶器としては，備前焼，萩焼，越前焼，信楽焼などがあります。

　狸の置物で有名な信楽焼にとっても重要なのは上で記した粘土ですが，当然ながら石英や長石も含まれます。信楽焼のもととなる粘土鉱床は，新第三紀鮮新世〜第四紀の古琵琶湖層群が形成された頃の低地に堆積した古生層の堆積岩や中生代終わりの花こう岩の風化物などです。

　日本では焼き物には伝統的な技術を持っています。^{14}C の年代測定によって，縄文時代草創期の頃の土器は約 1 万 2000 年前までに遡ります。そのため縄文土器は世界最古の土器とも呼ばれることがあります。

縄文土器として最も有名なものは新潟県の長岡市，十日町市など信濃川流域などで発見された縄文時代中期（約4500年前）の火炎土器もしくは火焔型土器でしょう。縄文時代の国宝は，十日町市笹山遺跡で発見された火焔型土器などの一群でした。図4.1.12は笹山遺跡の様子です。

　現在では，山形県で発掘された土偶も国宝に指定され，「縄文時代のビーナス」と呼ばれています。いずれにしても，これらは粘土が焼成されたものです。縄文土器は，その後，弥生土器，須恵器・土師器，そして現在も先述のような伝統的な陶磁器として，発展しています。このような焼き物の継続的な発展の結果がセラミックスとも言えるでしょう。

図 4.1.12　笹山遺跡の様子

図 4.1.13　火焔型土器

column 博物館と学校とが連携した火焔街道博学連携プロジェクト

　世界的にも有名な火焔型土器は，縄文時代の一時期，しかも信濃川流域の現在の十日町市，長岡市などの限られた地域にしか見られません。そこで，地域の振興に取り組む連携協議会が発足し，新潟県立歴史博物館や十日町博物館などの博物館や地元の小学校との間で火焔街道博学連携プロジェクトが結成されました。ここでは20年近くの継続的な教育活動が行われています。その活動の一環である「子供縄文フォーラム」では，縄文学習に取り組む学校の代表児童によるパネルディスカッションとポスターセッションが開催されています。

図 4.1.14　新潟県立歴史博物館

図 4.1.15　博学連携プロジェクト

図 4.1.16　世界遺産・縄文遺跡と土器

4.2 人間が改変した地形

これまで、どのようなプロセスを経て、日本列島が現在見られるような景観になりえたかを見てきました。各地質時代に、地球の内部エネルギーや太陽エネルギーからの自然の力が、列島および周辺に影響を及ぼしたことに焦点を当てました。自然は今後も日本列島へダイナミックに働きかけを続けていくことでしょう。

しかし、日本列島の地表や地形の改変は、自然の力だけでなく、人間によってもなされてきました。近年、日本では、従来は人の住めない、もしくは住みにくい土地も開発されてきました。このことは、ある時期には利益があったとしても、次の時代には弊害が生じることもあります。

ここでは、自然環境と人間活動の相互作用も視野に入れ、人間の働きかけが自然を変えてきた例を考えてみましょう。

ゼロメートル地帯と地盤沈下

日本列島にはゼロメートル地帯と呼ばれる地域が存在します。ゼロメートル地帯とは東京湾潮位（地図ではT.Pと記載されます）よりも低い場所のこと

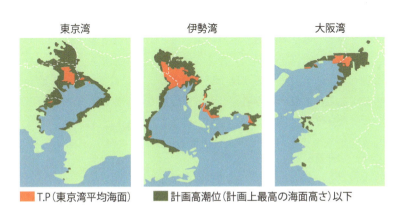

図 **4.2.1** 日本におけるゼロメートル地帯の地域

図 4.2.2　ゼロメートル地帯とは

です。つまり，平均的な海面レベルより低い土地であることを示しています。

　図 4.2.1 には，主要都市でのゼロメートル地帯の範囲を示しています。この図からも，東京，大阪，名古屋などの大都市はゼロメートル地帯であることがわかります。海沿いや川沿いでは，堤防や水門で水の浸入を防ぎ，場所によっては地盤の嵩上げもされています。

　沖積平野に立地することが多い日本の都市は，地震に対して地盤が軟弱です。また，集中豪雨などによる河川の氾濫，溢水以外にも，防災対策が必要です。さらに，高潮や津波などの海からの災害も受けやすく，ゼロメートル地帯の危険はより高くなっていると言えます（図 4.2.2）。

　ゼロメートル地帯は，自然に低かった場合だけではありません。第四紀の地殻変動によって，台地・山地が隆起したのに対し，沖積平野は沈降しているところもあります。

　一方で，過剰な地下水の汲み上げによって，地盤沈下が生じたところもあります。高度経済成長期に工場用の地下水が多量に汲み上げられました。その典型的な例として，大阪平野の状況を紹介しましょう。大阪市の工場地帯では機械の冷却用などに大量の水が必要なため，安価な地下水が大量に利用され，工場は大阪湾に注ぐ河川周辺に多く建てられました。そのため，地下水の汲み上げ量は大きくなり，数メートル単位で地盤沈下をしたところもあります（図 4.2.3）。

　大阪湾岸だけでなく，北東の地域にも沈下の著しいところがあります。この地域は，縄文時代から近世にかけて，河内湾，河内潟，河内湖，そして，江戸時代には深野池，新開池と呼ばれる水域として，最後まで残ったところです。

図 4.2.3 大阪府の地盤沈下の様子

　戦後は，この地域にまで工場が建てられるようになり，大規模な地盤沈下が見られるようになってきました。図 4.2.4 に地盤沈下の生じるメカニズムを示します。透水層の水を汲み上げると，粘土層から水が供出され，供給されますが，その結果，粘土層が圧縮し，全体として地盤が沈下します。地盤沈下の問題点は，一度沈下した地盤は，水の汲み上げを止めても地盤の高さが回復しないことです。地盤沈下を生じたところは，建物の抜け上がり現象や不等沈下の影響を受けることがあります。

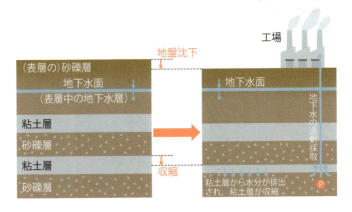

図 4.2.4 地盤沈下の発生するメカニズム

河川環境と人間活動

　河川は有史以来，人間が最も技術や人力を注いできた場所でしょう。大陸から稲作農業が伝来し，人々が沖積平野に生活基盤を求めるようになってから，水を有効に利用したり，水害から生命や資産を守ったりするため，河川に対してさまざまな働きかけをしてきました。

　近世以降，河川の分離・分流工事が行われたり，放水路がつくられたりしました。現在，見られる河川はかつての河川と大きく変化しています。

　近代になっても同様です。明治以降，近代化政策において重視されたのが，治水や河川改修です。水害を繰り返してきた河川をより高度な堤防の構築によって，水をその中にとどめること，さらに典型的な改修が河川の直線化，つまり，水害を起こす原因となる水流をできる限り早く，海に流すことでした。

　各時代の先端技術を治水・利水に費やし，河川改修という名の地形改変に取り組んできたと言えます。

　河川改修によって，河川の長さが変わった場合もあります。例えば，北海道の石狩川は，かつて日本で最も長い河川（明治27年に364 kmの記録）でした。しかし，現在では信濃川（367 km），利根川（322 km）に次ぐ3番目の長さの河川（268 km）となっています。当時，蛇行していた石狩川は洪水，氾濫の被害が大きく，対策として流域を直線化していくにつれて，河川が短くなってしまったのです。今でも，三日月湖としてその名残が多く見られます。

　第二次世界大戦後も，各地で水害が発生し，全国的な治水工事が展開されました。そのため，洪水・溢水は少なくなったとは言え，河川は三面コンクリート張りの水路にすぎなくなってしまいました。

　そこで，1990年代から，親水空間を意識した多自然型工法と呼ばれる自然環境に近い方法で，治水工事がされるようになりました。遊水池はその取り組みの一つと言えるでしょう。近年，ビオトープが注目され，学校の中でも地域の河川の遊水池にも，これがつくられるようになってきました。ビオトープとはもともとは「野生動物の生息する空間」のことでしたが，近年は小動物などの生物が生きられる環境を再現した場所を示すことが多くなっています。

　大都市では，河川の地表面に降り注いだ降水が短時間に集中しても，浸水被害が発生しないように地下に都市放水路が張り巡らされています。一方で，地表面の景観を重視した河川整備が図られることもあります。神田川をはじめと

148　第4章　人間と岩石・地質

した東京都の河川ではそのような取り組みも見られます。

　河川の存在は地表の温度を下げる効果もあります。コンクリート、アスファルトなどに囲まれた都市部はヒートアイランド現象と呼ばれる、周囲より温度が高くなる現象が現れるようになりました。かつて、大阪は八百八橋と言われるほどの橋、つまり多数の河川があり、現在の大阪より涼しかったと推測されます。明治以降の大規模な河川の埋め立てが、自然環境に影響を与えたと言えます。

　さらに、江戸や大坂などでは、海岸や河川沿いの多くの都市に掘割などの運河網が張り巡らされていました。運河は、交通や物資輸送に大きな役割を果たしましたが、明治以後、陸上交通に重心が移行するにしたがい、これらも多くが埋め立てられました。ヨーロッパの都市域の運河も減少しましたが、ヴェネツィアやアムステルダムでは現在も活用されるとともに観光客にも人気があります。日本でも運河が観光資源となっているところもあり、**図 4.2.5** は、その一つ、小樽運河です。

　多自然型工法を取り入れながらも歴史や伝統を大切にしている河川として、新潟県・村上市の三面川（おもてがわ）があります（**図 4.2.6**）。現在、重視されている「持続可能な」という考え方は江戸時代からあったことがこの川の歴史からもわかります。「種川（たねがわ）の制」がその例です。種川は三面川の分流で、ここでは、稚魚を成育していたため、どんなに不漁の年でも、鮭の漁獲が認められませんでし

図 4.2.5　小樽運河の景観

図 **4.2.6** 三面川本流(左)と種川(右)

た。現在，江戸時代からのその取り組みが，イヨボヤ会館（鮭に関する博物館）で見ることができます。

　江戸時代以降，新田の開発を意図して，多くの干拓事業が進められました。かつての湿地帯や内陸の水域は埋め立てられ，干拓されてしまいました。全国的に干拓地は進みましたが，現在までの最大規模の干拓は，八郎潟（秋田県）です。北側の米代川と南側の雄物川からそれぞれ土砂堆積により砂州が延び，離島であった寒風山に達して複式陸繋島の男鹿半島が形成されました。両砂州の間に残った海跡湖が八郎潟であり，かつて，その面積は琵琶湖に次ぐ日本で2番目の大きさでした（図 4.2.7）。

　江戸時代から干拓は行われていましたが，第二次世界大戦後，食糧増産を目的として干拓工事が行われ，20年の歳月をかけて約 17000 ha の干拓地が造成されたのが現在の姿です。

図 **4.2.7** 八郎潟の干拓

高度経済成長期以降も埋立地は広がりましたが，その用途はさまざまです。ゴミ捨て場の建設，都市部の商業地，住宅地の拡大，さらには次のコラムで紹介するように，空港の建設まであります。

　山と海に囲まれ，狭い平野の神戸市周辺では，山を削り，削ってできた土砂で埋立地を広げていきました。ただ，1995年阪神淡路大震災では，その埋め立て地に被害が発生しました。

column　海上空港・関西国際空港の建設

　海外との交流が進む今日，空港の建設は不可欠です。しかし，日本列島は平坦な場所が少なく，都市部からの距離，地域住民への騒音の問題など，空港建設の立地条件は良いとは言えません。

　その中で，大阪湾海上に建設された関西国際空港は画期的な取り組みと言えました（図4.2.8）。著しい地盤沈下との戦いという課題は残されていますが，24時間使用可能な点では日本の空港としては他に例を見ません。

　しかし，平成30年の台風21号の時には，発生した高潮によって，滑走路に多量の海水が侵入したり，タンカー船が連絡橋に衝突したりして，大きな影響を受けました。空港がしばらく使えなくなり，空港の中に乗客など8000名が取り残されるなど，新たな問題が発生しました。

図4.2.8　大阪湾に建設中の関西国際空港

橋，トンネルでつながる日本列島

　日本列島を構成する4つの島が人工的な橋やトンネルで直接つながったのは，つい最近のことです。中でも1998年に完成した明石海峡大橋は世界最大長の吊り橋です。明石海峡大橋の支持基盤の岩石は花こう岩，神戸層群などです（図4.2.9）。花こう岩はともかく，神戸層群は古第三紀の砂岩・泥岩層で膨潤性のあるモンモリロナイトを含んでいるため，地すべりを起こしやすい地質です。そこで，建設中に地表に現れて風化しないように，すぐに固められました。

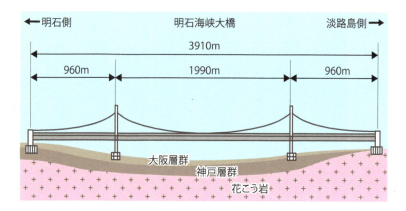

図4.2.9　明石海峡大橋とその基盤

column　海上高速道路の建設

　日本各地に高速道路がつくられています。しかし，場所によっては建設の難しいところがあります。例えば，日本海に沿って，新潟県と富山県の境界，親不知付近に高速道路を建設するには地質的，地形的に困難がありました。例えば，新第三紀の親不知流紋岩と呼ばれる固い岩石からできた山は急斜面であり，日本海に落ち込んだような形になっているからです。そこで，トンネルではなく，日本初の海上高速道路が建設されました。

図 4.2.10 琵琶湖大橋

　図 4.2.10 は日本最大の湖・琵琶湖の東西を結ぶ琵琶湖大橋です。景観に調和した曲線美を持つこの橋によって北湖と南湖に分けられています。

鉱物資源を求めた結果の地形改変

　自然の作用だけで形成されたように見える景観も人為的な要素が加わって，景観の発達が加速されることもあります。鳥取砂丘もその例です。鳥取砂丘の砂の起源は中国山地の花こう岩です。花こう岩が風化により石英粒の砂となります。しかし，花こう岩を砕いたのは自然の力だけではなく，かつて中国地方で見られた「たたら製鉄」とも関係があります。たたら製鉄では，花こう岩中の鉄分，例えば褐鉄鉱などを取り出すために意図的に花こう岩を砕き，その後，残された岩石を千代川に流していました。これが下流の沿岸に堆積したことによって，砂丘が一層発達したのです。

　鉱山の開発が進むとそこに鉱山都市が形成されていきます。その結果，鉱山の開発に伴う木材使用料の増加，人口増加によって住居や燃料のために鉱山近辺の森林も伐採されていきます。そのため，鉱山周辺の自然環境は大きく変化します。逆にそのような状況になることを恐れ，森林保護のために規制を厳しくした例が，江戸時代にも見られます。現在も目にすることができる芸術的な佐渡島の森林も条例による規制の効果と言えます。

column 佐渡金銀山の形と人間の営み

　佐渡金銀山では，図4.2.11のような道遊の割戸と呼ばれる景観が見られ，佐渡金山訪問のシンボルとなっています。これも自然に崩れ落ちただけではなく，人間の作為も加わって形成されたものです。つまり，垂直に存在した鉱脈部分を人間が採取し，結果的に砕け落ちました。地元では，金への人間のあくなき執念の象徴と言われることもあります。

図4.2.11　佐渡金山のシンボル・道遊の割戸

図4.2.12　世界遺産・石見銀山の坑道

4.3 歴史景観と岩石・鉱物

考古学における岩石

　岩石は古くから人間にとって重要な資源でした。特に先史時代では，道具として石材は欠かせません。狩猟採集の時代では，狩りをする道具としての石材，採取した食材の調理に必要な石材が求められました。稲作農業が始まった時には，農耕道具やこれを製作するための石材，祭祀用の石材，あるいは戦いのための石材，それをつくるために使われた道具など，さまざまな種類の岩石の使用が見られます。

　大陸から稲作農業とともに鉄が伝わり，石材の一部は鉄製品に代わりますが，むしろ使用される石材の種類は生活様式の変化とともに増えていきます（世界の歴史では，石製品，青銅製品，鉄製品と時間をかけて発達していきますが，日本では，青銅と鉄がほぼ同時に伝わりました。そのため，実用的には鉄製品，銅鐸・銅矛などの祭祀用には青銅製品が使用されることが多かったと言えます）。

　考古学では，使用された道具によって時代区分がされることもあります。例えば，旧石器時代，中石器時代，新石器時代などです。日本では，打製石器が中心であった旧石器時代，そして磨製石器とともに土器の使用が始まったのが新石器時代と呼ばれます。研究者によっては，日本で中石器時代の言葉は使わず，後期旧石器時代として捉えられる場合もあります。いずれにしても，それまでのナイフ型石器のような打製石器から，細石刃のような石材の使い方をするなど，石器に革新が見られます（**図4.3.1**）。従来の石器では刃の一部が破損した場合，全体をつくり直す必要がありましたが，細石刃ではその部分だけを取り換えればよく手間が省けました。現在のカッターナイフの発想と言えるでしょう。

　環状列石（ストーンサークル）のように，何のために大きな岩石が集められたのか，よくわからない遺跡もあります。祭祀の場所であった，太陽の位置から季節を決めていた，などと推測されています。イギリスのストーンヘンジが国際的にも有名ですが，東日本にも多く存在します。東北地方から北海道の環

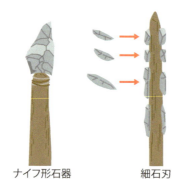

図 4.3.1 ナイフ形石器と細石刃

状列石は，縄文時代中期から後期にかけて，この地域での発達した文化の一環としての建設物と考えられます。特に秋田県鹿角市の大湯環状列石は国指定特別史跡です。苗場山麓ジオパークの一つのジオサイト堂平遺跡（新潟県津南町）にも約50mの環状列石があります。

同時期に粘土や砂を利用した土器も発達しました。先述のように日本で初めての土器は縄文土器と呼ばれ，その後に続くものを弥生土器，そして土師器や須恵器と変化していきました。考古学では，土器によって，無土器（先土器）時代，縄文時代，弥生時代，古墳時代と区分されることがあります。

文献がない時代の歴史を組み立てるには，石器や土器を用いる考古学的な手法が必要です。もっとも，骨器や木材なども重要な道具の素材と考えられますが，日本では骨器の道具が少なく，木器は分解されてしまうため，考古学的には役立つことが少なかったと言えるでしょう。

黒曜石とサヌカイト

ここで石材に話を戻します。道具としては，どの岩石でも良かったわけではありません。肉を切ったり，道具をつくったりするためには，鋭利な切り口を持った岩石が求められます。その代表的な岩石が黒曜石とサヌカイトです。

黒曜石は，流紋岩質や安山岩質の火山岩の中でもほとんど斑晶を含まないガラス質の成分からできています。サヌカイトも岩石学的には古銅輝石安山岩と呼ばれる火山岩の一種です。サヌカイトは，瀬戸内海から四国北部に分布する

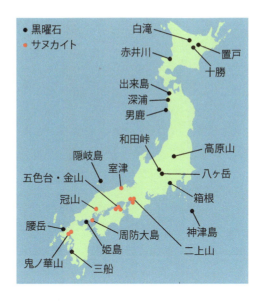

図 4.3.2 代表的な黒曜石，サヌカイトの産出する地域

　新第三紀火山岩の中で，マグネシウム（Mg）に富む斜方輝石（古銅輝石）の斑晶の他には斑晶が少なく，石基は比較的ガラス質で緻密な安山岩のことです（石基とは，火成岩の斑晶を取り囲んでそのすき間を埋めている結晶のことです）。

　それぞれの岩石の主な産出地の分布を図 4.3.2 に示します。図のようにこれらの岩石は限られた地域からしか産出しません。

　いくつかの有名な黒曜石の産地をもう少し詳しく紹介しましょう。北海道では白滝や十勝産の黒曜石が有名です。十勝で産出する黒曜石は少し茶色っぽいものも存在するという特色があります（図 4.3.3）。白滝ジオパークでは，黒曜石の露頭を見ることができます（露頭に近づくには許可が必要です）。

　また，信州の八ヶ岳，和田峠（長野県），隠岐島（島根県），姫島（大分県）の黒曜石も国内各地の遺跡から見つかり，それぞれの地域の縄文文化を支えていただけでなく，交流もあったことがうかがえます。姫島産の黒曜石は灰色っぽいのが特色です。

　サヌカイトは讃岐石とも呼ばれ，名前の通り，讃岐（香川県），特に屋島のものが有名です。サヌカイトは先史時代の石鏃（石の矢じり）だけでなく，さ

図 **4.3.3** 白滝ジオパークでの黒曜石の露頭（左）と茶色っぽい十勝産の黒曜石（右）

まざまな石材として活用されています。サヌカイトは，その緻密さから，叩くと音が響きます。そのため「カンカン石」と呼ばれることもあり，楽器として使われることもあります（木琴，鉄琴と同じように石琴と言ってよいでしょう）。

　サヌカイトは，屋島だけでなく，瀬戸内を中心に西日本でも広く分布し，大阪府と奈良県の境にある二上山からも産出しています。屋島も二上山のサヌカ

column　石包丁に使われた石器

　弥生時代に稲作農業が日本に伝わってくると稲の穂先を刈るための石包丁が必要となり，平たい岩石が必要になりました。そこで，緑色片岩や粘板岩などの岩石が石包丁の素材として選ばれました（図 **4.3.4**）。

図 **4.3.4**　石包丁と岩石

イトも新第三紀の火山活動に関連してできたものです。

　古墳時代では多量の石材が使用されるようになり，この時代の最大の建築物として，古墳があります。そこでの石室，さらには石棺などでさまざまな石材が使用されました。有名なものに飛鳥の石舞台があります。これらは花こう岩でつくられています。

　使用される石材は各地域の周辺のものが使用されています。例えば，兵庫県龍野では，地元の火山岩や凝灰岩でつくられた石棺が見られます。

宝石としての岩石・鉱物

　人間が岩石を使用したのは，実用的なことだけではありません。呪術的・宗教的に使用された岩石もあります。ヒスイ（翡翠）はその例です。ヒスイは硬玉と呼ばれ，日本列島では，縄文時代，弥生時代など先史時代に各地の遺跡で見つかっています。ただ，宝石として価値のあるヒスイは，ほとんどが新潟県の糸魚川産のものです。国内各地の遺跡から糸魚川産のヒスイが多く見つかっていることから，縄文，弥生時代における大規模な地域交流が想像できます。ヒスイの産出地であることが糸魚川世界ジオパークの魅力の一つであるでしょう。

　ヒスイはプレートの沈み込みとも関連し，マントル上部の原石が造山運動に伴う強い圧力を受けて変成し（広域変成作用），さらに断層運動によって地表に現れます。ただし，ヒスイの形成過程は完全には解明されていません。

　日本ではヒスイは縄文・弥生時代に非常に重宝されました。その後，古墳時代に金製品が日本に入り，金に対する価値観が高まると，ヒスイは以前ほど重視されなくなりました。現在では，再び宝石としての価値が見い出されています。小滝川ヒスイ峡では現在もヒスイの原石を見ることができます。図 4.3.5 は道の駅「親不知ピアパーク」に展示された世界最大級のヒスイです。

　ヒスイに限らず，古代において，「勾玉」や「管玉」の原料として宗教的にも使用されてきた神秘性を持つ岩石があります。特に「古事記」の記述の 6 割くらいを占める出雲では，さまざまな玉の製作に関連した遺跡が多く見られます（図 4.3.6）。

図 4.3.5 世界最大級の 102 トンのヒスイ

図 4.3.6 出雲の国内最大級勾玉（左），出雲の勾玉の全国への流通（右）

城郭の石垣

　近世の日本で石材を用いた建築物としては，城郭の石垣が特筆に値します。その中でも図 **4.3.7** の大阪城の石垣は 30 畳以上の広さを持つ巨大なものです。一般的に石垣の素材は，地元の岩石が利用されることが多いのですが，わざわざ，岡山県から瀬戸内海を経由して大阪まで運ばれてきました。

図 4.3.7 大阪城の巨大な石垣

図 4.3.8 大阪の陣と真田丸

　大阪城の立地は自然環境も考慮されていました。大阪城は上町台地の北側にあり，豊臣秀吉は攻めにくく守りやすいことを考えて，この地を選んだと言えるでしょう。大阪冬の陣で活躍した真田幸村は，最も防御の弱い南側に真田丸をつくったことで有名です（図 4.3.8）。
　さまざまな城郭の立地状況を見ていくと，自然条件をもとにどこに立地するのが最適であるのか，よく考えられていたことがわかります。織田信長が安土城を築いたのは琵琶湖を望む沖積平野の中で，湖東流紋岩という固い岩盤の上

です。天守閣は現存していませんが，安土城の石垣も湖東流紋岩からできています。石田三成も中古生層の固い岩石を基盤として佐和山城を造営し，その後，井伊直政も近くの中古生層や湖東流紋岩上を基盤として彦根城を築きました。国宝としての城郭は現在5城ありますが，彦根城はそのうちの一つです。

　国宝で世界文化遺産でもあるのが姫路城（図 4.3.9）です。姫路城の石垣は，花こう岩や砂岩・チャートなどもありますが，最も多いのは流紋岩質の火山岩や凝灰岩です。白亜紀末期（約1億年前〜7000万年前）のこの地域の火山活動による岩石です。

庭園と岩石

　庭園にも岩石は使われます。寺社の庭園には日本文化が濃縮されていると言えます。

　庭園ではその地域の特徴的な岩石が使われています。例えば，徳島城公園内の岩石です（図 4.3.10）。美しい日本庭園ですが，徳島城の石垣だけでなく，いたるところに多くの阿波青石と呼ばれる緑色片岩（結晶片岩）が取り込まれています。

　縞状の構造が，結晶片岩，特に緑色片岩と呼ばれる変成岩の特徴です。この岩石は第2章で紹介しましたように，三波川変成岩として東西に広がっていま

図 4.3.9　姫路城

図 4.3.10 徳島城公園内の結晶片岩の庭石

す。四国では吉野川の北部，徳島の城山，祖谷地方から大歩危，別子，佐田岬半島まで分布しています。

　日本の庭園として最も高い評価を受けている足立美術館の庭園を見てみましょう（図 4.3.11）。この庭園はアメリカの日本庭園専門誌「ジャーナル・オブ・ジャパニーズ・ガーデニング」による庭園ランキングで，15 年連続日本一（2017 年現在）に選ばれています。この庭園では，それぞれの石は山に

図 4.3.11 足立美術館の庭と石

見立てられています。また，川や池などを小石で表している場合もあります。
　先述の徳島県の結晶片岩も庭石に用いられますが，他にも佐治石と呼ばれる岩石が，白砂青松庭や池庭などに数多く組み込まれています。この岩石は三郡変成帯の緑色千枚岩や緑色片岩です。鳥取県の佐治川に，風化・侵食によって地表に現れたものが運搬されたものです。

寺社の岩石

　寺社にはその地域の象徴的な岩石が存在します。例えば，国宝の多重の塔を持ち，紫式部が「源氏物語」を著したと言われる石山寺（滋賀県大津市）は巨大な岩盤の上に建っていて，これが寺名の由来となっています。境内には珪灰石からなる岩石があります（図4.3.12）。中古生代の石灰岩などの堆積岩がその後の花こう岩の貫入によって熱変成作用を受け，主として珪灰石が形成されたものです。珪灰石はケイ酸カルシウムを主成分とした接触変成鉱物でスカルンと呼ばれる鉱物の一種です。

図 4.3.12 石山寺の国宝・多重の塔の前の岩石

4.4 現在の建築物と岩石の利用

石材輸入大国としての日本

　日本は，国内の各地域で産出する石材を利用するだけでなく，海外からもさまざまな岩石を大量に輸入しています。ビルの壁石や記念碑，墓石など，国内では産出しないものもあります。中国やアジア，さらにはヨーロッパや南米から運搬された岩石です。大都会や地方の街中でも，建築，内装いたるところに輸入石材が使われています。

　例えば，図4.4.1の蛇紋岩（左）も大理石（右）も海外から持ち込まれた岩石です。

　重厚感や美しさなど装飾に適した岩石は，原石の持つ魅力がそのまま利用されます。蛇紋岩（蛇のような文様から名づけられました）などは緑色の色調で縞目模様の入った岩石は，ホテルや会社のロビーでも見かけます。また，青い斑晶を持つ深成岩も壁石やタイルなどに使われます。

　図4.4.2に日本で最も多く輸入されている石材としての花こう岩の1年間の輸入量を示します。図4.4.2からもわかるよう，日本は花こう岩だけでも年間に29,177トンを輸入するなど石材の輸入大国です（ほとんどが中国からです）。一方，日本は多くの半導体など電子部品を海外に輸出しています。半導体には，シリコン（ケイ素）・ゲルマニウムを原料とするもののほかに化合

図4.4.1　日本で見かける海外産の石材

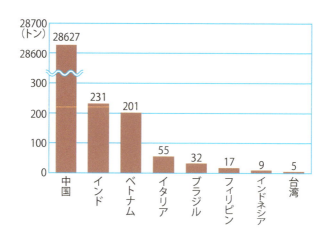

図 4.4.2 日本の石材（花こう岩）輸入量

物半導体もありますが，最も多く使用されているのはシリコンです。これらは鉱石から精錬されてつくられます。つまり，日本は海外から多量の岩石を輸入し，半導体などの小さな鉱石を精錬して輸出しています。

　ホテルの壁石などに，白っぽいもしくはクリーム色の光沢を持った岩石が使われます。これらは石灰岩（一部，熱変成を受けて大理石になっています）です。よく見るとアンモナイトなどの化石が入っていることもあります（**図4.4.3**）。装飾にも用いられる多くの石材にアンモナイトや巻貝，サンゴなどの化石を見つけることができます。第1章でも説明しましたように，石灰岩は主に古生代から中生代の古生物の遺骸から形成されました。つまり，フズリナ（紡錘虫）やアンモナイト，サンゴ，貝化石などからなり，そのもととなった古生物の姿がビルの中に化石として残されているのです。

産出量が減っても好まれる国内の石材

　かつては，石材として国内産の岩石だけが利用されていましたが，近年は，国内の石材生産量が減ってきています。

　理由の一つは，良質の岩石が取り尽されてしまったことが挙げられます。日本列島は地殻変動が著しく，地下深部でゆっくり冷却された花こう岩でさえ，第四紀の急激な隆起の原因となった活断層の影響を受けていて，そのため，従

図 4.4.3 ビルの壁石に見られる化石

図 4.4.4 台湾・太魯閣峡谷（左）と付近の石材工場内部（右）

来から日本の花こう岩は，破砕されたり風化を受けたりして，石材として条件が良くありませんでした。

　二つ目の理由として，アジアをはじめ海外から岩石を輸入するほうが安価であることが挙げられます。原石だけでなく，加工・製品化された石材の輸入も増えています。

　図 4.4.4 は台湾の石材工場です。近辺に観光地として有名な太魯閣峡谷と呼ばれる大規模な大理石の峡谷があります。岩石は変成を受けており，結晶質石灰岩（大理石）の産出地として，日本への石材の供給量の多い地域の一つです。

167

図 4.4.5 日本列島の花こう岩産地の分布と商品名

　しかし，依然として，国産の岩石が求められることがあります。国内の岩石は地域名をもとに名付けられ，それがブランド化している例もあります。例えば，花こう岩は代表的な兵庫県の採掘場所の地名「御影(みかげ)」から御影石と呼ばれることがあります。国内の花こう岩の分布を**図 4.4.5** に示します。

　先述のように近年では中国はじめアジアや世界各地から花こう岩が輸入されています。しかし，中国やインドの花こう岩は先カンブリア時代のものが多く，日本の中生代後期の花こう岩に比べ，結晶そのものが変成を受けている場合が少なくありません。つまり，日本産の花こう岩の結晶が一つ一つ「花柄」に見えるのに比べ，斑晶が少し流れているように感じます（わずかな違いですが）。そのため，自形の明確な結晶を持つ国内の花こう岩が高額で取引されることが多くなっています。**図 4.4.5** のような日本産の花こう岩は，産出地を明示して販売されることが一般的です。

> **column** 全国からの花こう岩からできた国会議事堂
>
> 　国内産の岩石だけにこだわった建築物もあります。代表的なものが国会議事堂です。この白い岩石はすべて国内産，しかも全国の花こう岩が集められています。中でも正面の岩石は瀬戸内海の倉橋島から運ばれたもので，そのため，倉橋島の人達は日本を代表する花こう岩の産地と誇りを持っています。
>
> 　国会議事堂だけでなく全国の都道府県庁舎でも花こう岩が用いられています。

図 4.4.6　花こう岩でできた建築物（滋賀県庁）

用途に応じた岩石の利用

　花こう岩，閃緑岩，斑れい岩などの深成岩は，構成する鉱物の結晶が大きく，装飾にも適しているので，研磨されて建築物内外の壁石や墓石・記念碑などに使われます。

　一方，安山岩，玄武岩など，斑晶が細かいものは，装飾というよりも平たく削られて床石（タイルなど）など，実用に使用されます。

　緑色片岩（結晶片岩）や凝灰岩が人気があるのは，両方とも緑色の色目が美しいためです。緑色片岩（三波川変成帯から多く産出）は縞模様が美しく，庭石，記念碑などの石材としても用いられます。凝灰岩は熱に強いことから，か

図 **4.4.7** ワーグナーハウス

つては壁石として使われてきました。しかし，2018（平成 30）年 6 月 18 日大阪府北部を襲った地震では，学校のコンクリートブロックが倒壊し，登校中の女児が犠牲になりました。凝灰岩のブロック塀もかつては見られましたが，この地震を機会に撤去されています。

　逆に砂岩などは容易に加工できたために，江戸時代以前から活用されていました。例えば，神社の古い狛犬では，砂岩産のものも見られます（江戸時代以降のものでは花こう岩製の狛犬も増えています）。

　現在の日本では，砂岩や泥岩などの堆積岩は石材として使われることが少なくなっています。しかし，ヨーロッパなどでは，砂岩などの堆積岩が壁石に使われることも珍しくありません。ドイツのバイロイトにあるワーグナーハウスは壁石に砂岩が使われており，クロスラミナ（斜交層理，水流または風によって運ばれた砂が通常の地層に対して斜めに地層を形成すること）なども観察することができます（図 **4.4.7**）。さらにヨーロッパなど古い地質からできている地域では，寺院などに使用されている壁石にも先カンブリア時代や古生代の岩石が見られます。例えば，図 **4.4.8** はノルウェーで最も古い寺院建築を構成する岩石です。

図 **4.4.8** ノルウェー・トロンハイムの寺院に使用されている石材

> ### column ブラジル・サンパウロでの町中の岩石
>
> 　近年，ブラジル産の岩石が日本でも増えています。当然，ブラジルの大都市，サンパウロなどでは，多くの周辺の岩石が使用されています。かつてポルトガルの植民地であったこともあり，石の建築物が目立ちます。砂岩の石材から作られた代表的なものを**図4.4.9**に示します。

図 **4.4.9** サンパウロ市内の岩石

column 地質構造と名城の石垣

　地質構造区分と各地の城郭の石垣に用いられている岩石の分布は一致することが多いのです。日本列島では特に西日本を中心に地質構造が東西に分布することを紹介しました（p.50）。

　自然石を利用した建築物で最も目にするのは城の石垣でしょう。道具が発達していなかった時代では，運搬の大変さから，近辺に存在する岩石を利用していました。中央構造線沿いの三波川変成帯に分布する緑色片岩（p.51）が庭園の岩として使用されていることは本章でも取り上げました（p.163）。この岩石は同様に三波川変成帯近くに存在する城の石垣にも利用されています。例えば，徳島城と和歌山城の石垣は両方ともこの岩石が主となっています。

結晶片岩からなる和歌山城の石垣

　領家変成帯には，貫入によって変成帯の原因となった領家花こう岩が東西に分布します。そのため，大阪城はじめとして名古屋城や岡山城，広島城の石垣の石材は花こう岩が大部分です。瀬戸内海の島々の花こう岩がこうも用いられているのは、浮力を利用した舟での運搬手法が発達していたためです。

　中央構造線の北側には和泉層群（p.50）と呼ばれる堆積岩が東西に広がっており，この近くに立地する岸和田城（大阪府）や洲本城（淡路島）の石垣は，和泉層群の砂岩や礫岩などの堆積岩が主に使われています。

和泉層群の岩石と洲本城の石垣

安山岩と甲府城の石垣

　糸魚川静岡構造線より東側では，火山岩類や凝灰岩類などの自然石を活用する場面も見られます。例えば，国指定史跡・甲府城跡では，石垣以外にもいたるところに地元の安山岩が使用されています。

　名城に欠かせない石垣を見ながら岩石を探り，近辺の産出地や運ばれてきたプロセスを考えるのも楽しいものです。

終わりに

　社会環境だけでなく，自然環境をめぐる動きも慌ただしく，この本の執筆中にも，多くの自然現象が取り上げられたり，注目されたりしました。自然現象が人間活動に最も厳しい影響を与える自然災害も多数発生しています。気象災害・土砂災害につながる各地での警報の発表があり，数多くの地震の発生もありました。2018（平成 30）年では特に西日本豪雨，台風 21, 24 号の大きな被害，北海道胆振東部地震，さらには都市部を襲った大阪府北部での震度 6 弱の地震には，活断層が想定されていたとは言え，驚きは隠せません。改めて災害に遭われた関係者にお悔やみ，お見舞いを申し上げるとともに，一日も早い復興・復旧を祈念しています。

　自然災害の発生を防ぐことは，自然が相手だけに予測の困難性もあり，難しさはあります。しかし，被害を最小限にとどめる，死者，負傷者をできる限りゼロに近づけることは決して不可能ではないと考えたいものです。

　一方で，伊豆半島が世界ジオパークに登録されたり，各地で世界遺産（自然遺産）認証に向けての動きがみられたりするなど，地元の地形，地質に対しての意識も高まってきていると言えるでしょう。「チバニアン（千葉時代）」など，千葉県市原市の地質が模式地として世界標準になったことにも意義が感じられます。各地域の特色ある自然を紹介する NHK のテレビ番組が好評で，日本地質学会や日本地理学会から表彰を受けたことは，自然景観を科学的に見ることが一般的になったことの一例と言えるでしょう。

　本書でも触れましたように，グローバル社会に進む中で，「持続可能な社会」，「持続可能な開発目標」が重視されるようになってきました。しかし，そのような時代に，一層，自分達の身近な地域のことを理解することも大切です。私達は身近な自然景観について，知っているようで知っていないことも多々あります。また，何気なく日常的に見ている景観が奥深いことに気付くような機会もあります。それらの景観が世界に誇るべき内容を備えていることも珍しくありません。

　正直なところ，本書では紹介することができなかった重要な日本の地形，地

質, 岩石などは多々あります。また, 筆者自身すら, 日本に存在する国立公園, 世界ジオパーク, 世界遺産など訪れていないところもあります。さらに本書で取り上げながらも, 筆者自身も景観の形成のプロセスを完全に説明できているわけでもなく, 十分な紹介になっていないところも数多くあったかと思います。

　しかし, 本書をきっかけに貴重な自然の景観, それを構成する地形, 地質そして岩石などにも興味を持ってもらえるようになりましたら幸いです。さらには, 自分達の地域の誇りを一層感じ, また, 他の地域も訪れてみようと考えてもらえるようになりましたら, 筆者にとって望外の喜びです。

　なお, 本書は「絵でわかる日本列島の地震・噴火・異常気象」の続編とも言えます。前書が自然災害の視点から, 本書が自然の恩恵の観点から, 自然を再認識してもらうことを意識しました。合わせて読んでいただければ理解は一層深まります。

　最後になりましたが, 講談社サイエンティフィク大塚記央部長はじめ, ご関係の皆様には大変お世話になりました。ここに深謝いたします。

平成 31 年, 平成最後の新春に日本の安全と発展を祈念して

藤岡達也

　コロナ禍の渦中においても人間を取り巻く自然の猛威は止まりません。令和元年の房総半島台風, 東日本台風, 令和 2 年 7 月豪雨など, 数十年に一度の規模の自然現象が起きています。2021 年に IPCC 第 6 次報告が発表され, 気候変動に伴う今後の災害が懸念されています。また, 噴火した海底火山, 福徳岡ノ場からの軽石が太平洋側の島々の生活に大きな影響を与えています。

　一方で日本でも世界遺産が増え, 日本列島の自然環境の尊さ, 縄文時代からの日本人と自然との関わりが注目されました。これらのことは, 日本における自然の災害と恩恵の二面性を実感させます。様々な人間活動が列島の中で展開されています。日本列島の歴史から見るとわずか一瞬にしか過ぎませんが, 困難を克服した人間の英知が自然景観のように永久の輝きを持つことを願っています。

令和 4 年, 新型コロナウイルス感染症を克服した新たな時代に

藤岡達也

参考文献

岡田義光編集「自然災害の事典」朝倉書店，2007

東京大学地震研究所監修「地震・津波と火山の事典」丸善，2008

貝塚爽平他「日本の地形Ⅰ～Ⅷ」東京大学出版会，2001～

鎮西清高・植村和彦「地球環境と生命史」朝倉書店，2004

周藤賢治「東北日本弧　日本海の拡大とマグマの生成」共立出版，2009

京都大学防災研究所監修「自然災害と防災の事典」丸善，2011

高橋正樹「東狐・マグマ・テクトニクス」東京大学出版会，2008

澤本正樹他「日本の河口」古今書院，2010

斎藤眞他「列島自然めぐり　日本の地形・地質」文一総合出版，2012

海津正倫編「沖積低地の地形環境学」古今書院，2012

山下昇編著「フォッサマグナ」東京大学出版会，1995

熊澤峰夫・丸山茂徳編「プルームテクトニクスと全地球史解説」岩波書店，2009

大矢雅彦「河川地理学」古今書院，1993

大竹政和他編「日本海東縁の活断層と地震テクトニクス」東京大学出版会，2002

藤岡達也編「環境教育からみた自然災害・自然景観」協同出版，2007

藤岡達也編「環境教育と地域観光資源」学文社，2008

藤岡達也編「持続可能な社会をつくる防災教育」協同出版，2011

藤岡達也「絵でわかる日本列島の地震・噴火・異常気象」講談社，2018

堤之恭「絵でわかる日本列島の誕生」講談社，2014

磯﨑行雄他編「地学」啓林館，2013

小川勇二郎他「地学」数研出版，2013

W. Kenneth Hamblin "Earth's Dynamic Systems" 10th Edition, Pearson Prentice Hall, 2004

Edward J. Tarbuck & Frederick K. Lutgens "Earth Science", Pearson Prentice Hall, 2003

付録

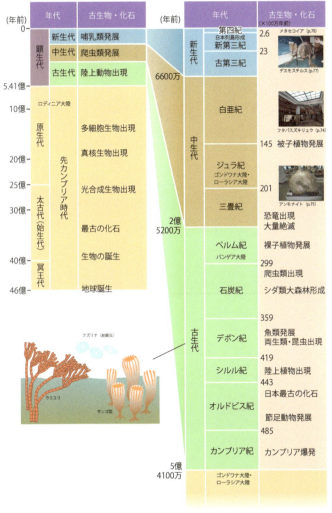

年代は国際層序委員会の2012年版国際年代層序表による。

索 引

アルファベット

EEZ 14
ESD 137
SDGs 138

あ

明石海峡大橋 151
アカホヤ火山灰 94
浅間山 91
阿蘇カルデラ 92
足立美術館 163
天橋立 106
アルプス 68
阿波青石 162
淡路島 125
安山岩 56, 86, 88
アンモナイト 75
池 119
石狩川 148
石山寺 164
伊豆・小笠原海溝 15
伊豆諸島 124
伊豆半島 98
和泉層群 50
糸魚川・静岡構造線 62
石見銀山 140
犬の門蓋 128
渦潮 125

内海 3
運河 149
運搬作用 113
エネルギー自給率 133
エネルギー資源 132
円月島 101
甌穴 101
大沢崩れ 90
大野亀 27
大谷石 61
隠岐 124
沖島 128
沖ノ白石 129
尾瀬沼 120
鬼押出し 91
溺れ谷 99
親潮 7
温泉 95

か

海岸線 3
海溝 14
海山列 15
海食崖 102
海食台 101
海食洞 102
海進 5
海洋底 12
海洋プレート 38

179

海流 7
火焔型土器 143
河岸段丘 111
鍵層 72
花こう岩 28, 54, 168
  インドの— 29
  ノルウェーの— 29
火山 84
火山活動 27
火山岩 28, 55, 56, 86
火山フロント 85
火成岩 28, 54
化石 73
河川 109
河川改修 148
潟 118
活火山 33
活断層 22
貨幣石 60
下方侵食 109
カリウム・アルゴン法 81
カルスト 40
カルデラ 92
寒霞渓 126
岩床 57
完新世 59, 70
岩屑なだれ 119
観音堂 92
岩脈 57
汽水湖 118
寄生火山 89
北アルプス 68
きのこ岩 128
逆断層 21

丘陵地 11
凝灰岩 70, 169
恐竜 48, 74
極偏東風 8
近畿トライアングル 125
金山 139
銀山 139
金属鉱山 138
草千里 93
グリーンタフ 61, 140
クレーターレーク 118
黒雲母 105
黒鉱 140
黒鉱型鉱床 141
黒潮 7
クロスラミナ 170
珪灰石 163
傾動地塊 22
頁岩 46
結晶片岩 162, 169
玄武岩 56, 70, 86, 88
玄武洞 70, 88
鉱床 138
更新世 59, 70
神戸層群 60, 151
国定公園 31
黒曜石 156
国立公園 31
互層 104
古第三紀 60

さ

最終氷期 5

砂岩　46, 170

砂岩泥岩互層　67, 104

砂丘　105

桜島　125

笹山遺跡　143

さざれ石　44

砂嘴　106

佐治石　163

砂州　106

佐渡　123, 154

サヌカイト　156

讃岐石　157

鯖街道　22

サンアンドレアス断層　24

三角州　114

三郡変成帯　53

サンゴ　40

三畳紀　48

山地　11

三王岩　100

三波川変成帯　51

ジオパーク　35, 98

信楽焼　142

示準化石　80

地震　20

地すべり地形　30

示相化石　80

持続可能　138

湿地帯　119

地盤沈下　146

地盤移動　26

島原半島　98

斜交層理　170

蛇紋岩　165

ジュラ紀　48

城郭　160

浄土ヶ浜　102

小豆島　125

鍾乳洞　41

縄文土器　143

シルト　47

新期中央構造線　50

侵食作用　109

深成岩　28, 55

新生代　59

新第三紀　61

スカルン　53

スコリア　90

ストロンボリ式　86

石英　105

石材　165

石筍　42

石炭　134

石油　132, 136

脊梁山脈　11

石灰岩　40, 51, 142

石器　155

石基　157

接触交代鉱床　139

絶対年代　72

瀬戸内海　125

ゼロメートル地帯　145

先カンブリア時代　38

扇状地　115

閃緑岩　55

相対年代　72

惣滝　111

側火山　89

181

続成作用　67
側方侵食　109

た

タービダイト　115
第三紀　59
堆積岩　46
堆積作用　114
太平洋プレート　2, 85
第四紀　59, 70
大陸棚　13
大理石　53, 167
滝　111
多島海　4, 122
棚田　30
太魯閣峡谷　167
段丘　70
炭鉱　134
炭素14法　81
丹波帯　49
地史　72
地磁気　73
地質図　16
千島海溝　14
千島海流　7
治水　148
地層水平性の原理　67
地層塁重の原理　67
チャート　40, 80
チャレンジャー海淵　15
中央アルプス　69
中央構造線　16, 50
中古生層　45

柱状節理　63
中生代　48
沖積平野　12
長石　105
超大陸　38
沈水海岸　122
対馬海流　7
庭園　162
泥岩　46
デイサイト　56
デスモスチルス　77
デルタ地形　114
天皇海山列　15
土肥金山　139
島弧　3
島嶼部性　4
塔のへつり　70
洞門　101
洞爺湖　117
等粒状組織　55
土器　156
徳之島　128
鳥取砂丘　105, 153
ドリーネ　40
トレンチ調査　20
トンボロ　107

な

ナウマンゾウ　78
流れ山　119
二酸化ケイ素　55, 86
二上山　27
日本アルプス　68

日本海　61
日本海溝　14
日本海流　7
日本三景　108
日本三大渓谷美　126
沼　120
ヌンムリテス　60
根尾谷断層　20
年代測定　81
粘土　142
粘板岩　46
野島断層　21

は

排他的経済水域　14
白亜紀　48
橋　151
橋杭岩　104
波食棚　63
八郎潟　150
花折断層　22
原尻の滝　111
半減期　81
磐梯山　117
斑れい岩　55
ビオトープ　148
干潟　118
非金属鉱山　141
菱刈鉱山　139
ヒスイ　113, 159
氷河時代　70
標準時間　6
氷堆石　113

琵琶湖　116, 129
V字谷　109
フィッショントラック法　81
フィリピン海プレート　2, 85
風紋　106
フォッサマグナ　18, 62
付加コンプレックス　49
付加体　39, 49, 80
福島潟　118
富士山　89
フタバスズキリュウ　74
舟屋　100
プレート　84
分水嶺　11
変成岩　51
変成帯　51
偏西風　8
片麻岩　51
貿易風　8
方解石　42
放散虫　40
北米プレート　2, 85
ポットホール　101
ホルンフェルス　51

ま

埋蔵量　132
枕状溶岩　65
松島湾　122
マリアナ海溝　15
三面川　149
御影石　168
湖　116

183

南アルプス　69
三原山　87
メタセコイア　78
もぐり込み角度　85
モレーン　113
モンモリロナイト　151

や

山崎断層　24
U字谷　109
ユーラシアプレート　85
油田　136
ユネスコ　35
溶食作用　40
横ずれ断層　20
ヨセミテ国立公園　32

ら

ラグーン　118

ラムサール条約　121
リアス式海岸　99
陸繋島　107
陸水　109
陸橋　5
リマン海流　7
琉球石灰岩　42
流紋岩　56, 88, 123
領家変成帯　51
緑色岩　46
緑色凝灰岩　61, 140
緑色片岩　162, 169
礫岩　46
ロディニア　38
露頭　87, 157

著者紹介

藤岡達也　博士（学術）

滋賀大学大学院教育学研究科教授。
東北大学災害科学国際研究所客員教授，大阪府教育委員会・大阪府教育センター指導主事，上越教育大学大学院学校教育学研究科教授（附属中学校長兼任）等を経て現職に至る。大阪府立大学大学院人間文化学研究科博士後期課程修了。博士（学術）。専門は防災・減災教育，科学教育，環境教育・ESD 等。

著書
「絵でわかる日本列島の地震・噴火・異常気象」（講談社），「持続可能な社会をつくる防災教育」（協同出版），「環境教育と地域観光資源」（学文社），「環境教育からみた自然災害・自然景観」（協同出版）等多数。

NDC468　　　190p　　　21cm

絵でわかるシリーズ

絵でわかる日本列島の地形・地質・岩石

2019 年 1 月 23 日　第 1 刷発行
2023 年 10 月 26 日　第 6 刷発行

著　者	藤岡　達也
発行者	髙橋明男
発行所	株式会社　講談社

〒112-8001　東京都文京区音羽 2-12-21
　　販　売　（03）5395-4415
　　業　務　（03）5395-3615

編　集	株式会社　講談社サイエンティフィク
代表	堀越俊一

〒162-0825　東京都新宿区神楽坂 2-14　ノービィビル
　　編　集　（03）3235-3701

本文データ制作	株式会社　双文社印刷
印刷・製本	株式会社ＫＰＳプロダクツ

落丁本・乱丁本は，購入書店名を明記のうえ，講談社業務宛にお送りください．送料小社負担にてお取替えいたします．なお，この本の内容についてのお問い合わせは講談社サイエンティフィク宛にお願いいたします．定価はカバーに表示してあります．

© Tatsuya Fujioka, 2019

本書のコピー，スキャン，デジタル化等の無断複製は著作権法上での例外を除き禁じられています．本書を代行業者等の第三者に依頼してスキャンやデジタル化することはたとえ個人や家庭内の利用でも著作権法違反です．

JCOPY 〈(社)出版者著作権管理機構 委託出版物〉
複写される場合は，その都度事前に(社)出版者著作権管理機構（電話 03-5244-5088，FAX 03-5244-5089，e-mail：info@jcopy.or.jp）の許諾を得てください．

Printed in Japan

ISBN978-4-06-514485-5

講談社の自然科学書

絵でわかる日本列島の地震・噴火・異常気象　　藤岡達也／著	定価 2,420 円
絵でわかる世界の地形・岩石・絶景　　藤岡達也／著	定価 2,420 円
絵でわかる地図と測量　　中川雅史／著	定価 2,420 円
絵でわかるプレートテクトニクス　　是永 淳／著	定価 2,420 円
新版 絵でわかる日本列島の誕生　　堤 之恭／著	定価 2,530 円
絵でわかる宇宙地球科学　　寺田健太郎／著	定価 2,420 円
絵でわかる物理学の歴史　　並木雅俊／著	定価 2,420 円
絵でわかる地震の科学　　井出 哲／著	定価 2,420 円
絵でわかるカンブリア爆発　　更科 功／著	定価 2,420 円
絵でわかる地球温暖化　　渡部雅浩／著	定価 2,420 円
絵でわかる宇宙の誕生　　福江 純／著	定価 2,420 円
絵でわかる免疫　　安保 徹／著	定価 2,200 円
絵でわかる植物の世界　　大場秀章／監修　清水晶子／著	定価 2,200 円
絵でわかる漢方医学　　入江祥史／著	定価 2,420 円
絵でわかる東洋医学　　西村 甲／著	定価 2,420 円
新版 絵でわかるゲノム・遺伝子・DNA　　中込弥男／著	定価 2,200 円
絵でわかる樹木の知識　　堀 大才／著	定価 2,420 円
絵でわかる動物の行動と心理　　小林朋道／著	定価 2,420 円
絵でわかる宇宙開発の技術　　藤井孝藏・並木道義／著	定価 2,420 円
絵でわかるロボットのしくみ　　瀬戸文美／著　平田泰久／監修	定価 2,420 円
絵でわかる感染症 with もやしもん　　岩田健太郎／著　石川雅之／絵	定価 2,420 円
絵でわかる麹のひみつ　　小泉武夫／著　おのみさ／絵・レシピ	定価 2,420 円
絵でわかる昆虫の世界　　藤崎憲治／著	定価 2,420 円
絵でわかる樹木の育て方　　堀 大才／著	定価 2,530 円
絵でわかる食中毒の知識　　伊藤 武・西島基弘／著	定価 2,420 円
絵でわかる古生物学　　棚部一成／監修 北村雄一／著	定価 2,200 円
絵でわかる寄生虫の世界　　小川和夫／監修 長谷川英男／著	定価 2,200 円
絵でわかる生物多様性　　鷲谷いづみ／著　後藤 章／絵	定価 2,200 円
絵でわかる進化のしくみ　　山田俊弘／著	定価 2,530 円
絵でわかるミクロ経済学　　茂木喜久雄／著	定価 2,420 円

※表示価格には消費税(10%)が加算されています.　　　　2023 年 1 月現在

講談社サイエンティフィク　https://www.kspub.co.jp/